服装设计丛书
"十四五"普通高等教育本科部委级规划教材

校服设计

柴丽芳　编著

XIAOFU SHEJI

中国纺织出版社有限公司

内 容 提 要

校服在增强集体荣誉感的同时，也承担着美学教育的责任，对培养学生良好的审美品位，提升社会整体文化形象有着重要作用。本书对校服的发展历史和其他国家和地区的校服文化进行了系统梳理，分析了各类校服与学校教学不同场景之间的对应关系，研究和阐述了各类校服在色彩图案、面辅料和款式上的设计准则，总结了校服文化的审美原则和设计标准，对树立健康舒适、美观大方的校服审美观有一定的促进作用。

本书图例丰富，提供了较多校服的款式与色彩搭配方案，适合大专院校设计专业的学生、从事校服设计和生产的企业人员、各级各类学校管理人员以及普通读者学习借鉴。

图书在版编目（CIP）数据

校服设计／柴丽芳编著 . -- 北京：中国纺织出版
社有限公司，2022.1

（服装设计丛书）

"十四五"普通高等教育本科部委级规划教材

ISBN 978-7-5180-9040-2

Ⅰ.①校… Ⅱ.①柴… Ⅲ.①校服－服装设计－高等
学校－教材 Ⅳ.① TS941.732

中国版本图书馆 CIP 数据核字（2021）第 213263 号

责任编辑：李春奕 责任校对：寇晨晨 责任印制：王艳丽

中国纺织出版社有限公司出版发行

地址：北京市朝阳区百子湾东里 A407 号楼 邮政编码：100124

销售电话：010—67004422 传真：010—87155801

http://www.c-textilep.com

中国纺织出版社天猫旗舰店

官方微博 http://weibo.com/2119887771

北京通天印刷有限责任公司印刷 各地新华书店经销

2022 年 1 月第 1 版第 1 次印刷

开本：787×1092 1/16 印张：10.5

字数：140 千字 定价：58.00 元

作为人的第二层皮肤，服装对人的心理有着直接的影响，合体美观的着装能提高人的生活质量和工作效率，规范人的仪态和行为。目前随着普及率的提高，校服已经成为学校教育装备中不可忽视的重要组成部分。与一些发达国家的校服文化相比，我国目前的校服社会满意度较低，主要问题在于校服品种单一，款式普通，在美观性、时尚性等方面有所欠缺，同时校服的合体度与舒适性也存在问题。事实上，校服在增强集体荣誉感的同时，也承担着美学教育的责任，对培养学生良好的审美品位，提升社会整体外在形象有着重要的作用。因此，我国的校服形制还有很大的完善空间。

国内专门论述校服设计的书籍尚属稀缺，本书尝试在以下方面对校服设计进行研究和阐述：

第一，本书首次对校服的发展历史和各国校服文化进行了系统的梳理和分析；

第二，本书对校服系列中各类服装与教学时间、地点、场合的对应关系等进行了分析，分析和阐述了各类校服在色彩图案、面辅料和款式上的设计准则，厘清了校服文化的审美原则和设计标准，对树立健康舒适、美观大方的校服文化有一定的参考作用；

第三，本书的图例丰富，提供了较多校服款式与色彩搭配方案。

由于作者水平所限，本书难免存在各种瑕疵，企盼各位读者不吝指正。

柴丽芳
2021 年 9 月

目录 / CONTENTS

第一章 校服历史与世界各国校服文化概述

　　校服（School Uniform），指学生在学校统一穿着的服装。现代校服是学生身份及与学校归属关系的重要外在标识，承担着集体观念与个人行为规范的重要教育作用。人们普遍认为校服积极地促进了学生平等，提升了学校的集体荣誉感，促进了学生身心的健康发展，并在一定程度上具有审美教育的效果。

　　由于世界各国的文化传统和经济发展水平不同，校服的普及率有较大的差异。英国、澳大利亚、日本等国家的校服文化较发达，而以美国为代表的一些国家对推广校服存在争议，反对意见主要认为校服对学生的个性发展存在不利影响。虽然对于校服的利弊现在仍然存在一些争议，然而校服的普及率一直在不断提高，越来越多的国家和地区重视校服文化的建设，很多学校制定了完备的校服穿着规范和标准。校服已经成为学校教育装备中不可忽视的重要组成部分。

第一节
校服的起源地——英国

一般认为校服最早的雏形源于1222年的英国。英国的校服文化发展历史悠久，影响范围大，对很多国家和地区的校服风貌具有深远的影响。

一、校服的起源

13世纪的欧洲正处于中世纪时期，天主教教会是整个社会的精神支柱和实际统治者，具有极高的权力和影响力。1088年欧洲建立了世界上第一所大学，位于意大利的博洛尼亚大学，不久后牛津大学在英国建校。当时的学生都是神职人员，或立志成为神职人员，他们穿着简单朴素，一般是统一的长袍和外套。出于御寒的需要，1222年，坎特伯雷大主教斯蒂芬·兰顿（Stephen Langton）在牛津会议上提出神职人员应统一穿着一种称为"Cappa Clausa"的长披肩。这一提议在后来成立的大学里得

到了响应，对后来学生统一群体制服的出现产生了深远影响。图1-1所示为剑桥大学学位服中的Cappa Clausa。

图1-1 剑桥大学的Cappa Clausa
Cappa Clausa是剑桥大学学位服的一部分，由红色的精致面料制作而成，带披肩，门襟镶白色的皮毛，前领口系扣。现在已成为校方代表授予学位时的正式服装。

Cappa Clausa为学校团体穿着统一服装开辟了先河。然而校服真正意义上的出现被公认为是在400年后，出现在16世纪英国的基督公学（Christ's Hospital）。该校建校于1552年，目前为英国著名的传统私立贵族学校。基督公学最早由英皇爱德华六世创办，旨在为伦敦无家可归的贫穷学生提供免费教育。当时的伦敦市民为他们制作了一种蓝色的长外套（传统的慈善颜色），配黄色长袜（图1-2）。因为孩子们统一穿着蓝外套，因此这样的慈善学校又被称为众所周知的"蓝袍学校"（Bluecoat Schools）。

现在的基督公学由于拥有世界上最古老的校服，这种蓝袍校服已成为学校

图1-2　最古老的校服——基督公学的"蓝袍"
（作曲家康斯坦特·兰伯特在基督公学就读时的画像）

的骄傲之一，因此现在仍旧保留原有校服的形制，并广受学生的喜爱和支持。

除了"蓝袍学校"，从16世纪到19世纪末，没有资料显示其他学校要求或推行过校服制度。学生们在学校的穿着与校外的服装相同。

二、校服在英国的发展

校服大规模出现是在19世纪后期的英国。在18世纪和19世纪初中期，英国的公立学校学生课堂秩序混乱，危险、暴力的游戏大行其道，许多父母拒绝送孩子到学校上学。为了重整秩序，学校出台了很多措施，其中之一就是推行整齐有序的制服。事实证明，穿着统一的制服行之有效。到了19世纪末，制服更成为英国管理得当、富有名望的学校的一个重要特征。

一些历史悠久的学校以当时礼仪化的服装作为校服，例如伊顿公学的校服。伊顿公学的校服类似19世纪的"绅士服装"：黑色燕尾服里面配上白色衬衫、黑色马甲和领带，下身穿黑色长裤，配黑色皮鞋（图1-3）。当时伊顿的学生无论严寒酷暑、春夏秋冬，都需每天穿着燕尾服上学，只有上体育课时可以例外，但也得穿学校指定的运动服。

对于非常讲究着装礼仪的英国来说，在不同的场合穿着不同的服装是一项文化特色。如在划船比赛、颁奖典礼上，学生们都要穿着特别的服装参加（图1-4）。

图1-3　1914年伊顿公学
学生着装

图1-4　学生盛装参加伊顿公学的颁奖典礼
（摄于1932年，存于德国联邦档案局）

　　现在的伊顿公学对传统的隆重着装进行了一些调整，例如高高的礼帽已被取消，但燕尾服、白色硬衬领衬衫、礼服背心、条纹长裤、黑皮鞋等大部分服装形制仍然得以保留（图1-5）。

　　长期保留下来的传统服装形制成为校服历史的珍贵财富。如伊顿公学校服的硬衬假领（Grafton starched stiff detachable wing collar，格拉夫顿可拆硬翼领，图1-6），由于其严肃、端庄、整洁的外观和保护衣领的实用性，至今仍在使用。

　　服装礼仪是人类社会礼仪的重要部分，端庄整洁的着装对人们的行为规范和心理活动有一定的积极作用。英国私立名校正是通过对校服的规定和倡导对

图1-5　伊顿公学现代校服

图1-6　伊顿公学校服传统的硬衬假领

学生进行服装礼仪方面的教育。

　　同时，学校还通过设置特例，使校服在统一的基础上产生一定差异，变成等级化的标志，使校服具有彰显荣耀的功能。例如为凸显优胜者的优越感，伊顿公学规定：普通学生全身只有黑白两色；穿灰色长裤和彩色马甲的，是成绩优异的学生；而如果在衣服上配有银色扣子，则代表是最高级别的优秀学生，他们甚至有权参与学校的政务和管理。诸如此类的规定还有很多。

　　同样具有悠久历史和名望的哈罗公学也拥有独特和深厚的校服文化，并保留至今。哈罗公学最著名的传统是学生的硬草帽，哈罗学生在上课时必须戴这样的帽子（图1-7）。哈罗公学的校服是白衬衣，深蓝色的西服外套，有时候会是黑礼服配英式高礼帽及手杖。黑色礼服的装束源于伊顿公学，因此被称为"伊顿服"（Eton Suit）。

　　值得注意的是，英国学校向来注重体育锻炼，学生在体育活动时穿着适当的运动服也是校服规定之一。

　　在20世纪中叶以前，单性别教育是学校的主流。由于近代女性解放运动在18世纪才开始兴起，因此女校成立较晚。建立于1705年的艾伦女爵学校，女生最早的校服Polly Bell是一种白色头

图1-7　著名的哈罗公学硬草帽

巾、白色硬披肩领和围裙的装束。现在这款校服作为学校的传统服装之一，只在非常特殊的场合才会穿着。该校的校服现在已经完全现代化了。

正因为有伊顿公学、哈罗公学这样具有显著声望的学校成功地推行了校服政策，对内转化成学校文化的一部分，对外作为学校形象差异化的重要标志，因此其他英国学校也纷纷效仿，最初是寄宿学校，然后逐渐在各公立和私立学校中推广。一些学校甚至对教师的着装也提出了要求，以求教师在着装上也能为人师表，成为学生的好榜样。

三、现代英国校服的新变化

随着社会形态的变化、人们生活方式的改变和新型面料的出现，从20世纪中期开始，人们的着装理念出现了很大

变化，旧式端正拘谨的服装样式逐渐被更加舒适、放松的款式和品种所取代。在20世纪60年代，这股追求平等、自由的人本主义文化思潮投射到校服上，引起了学生对校服及其蕴含的等级意义的抗议，一些学校取消了校服规定，而大部分学校则把校服制度保留下来，只是在款式上逐渐趋向于非正式化，规定也不再严苛（图1-8）。T恤衫、Polo衫、运动衫出现在校服款式中，现在已经成为校服中必不可少的组成部分，有些学校甚至把牛仔裤也加入了校服清单。

英国是校服文化的起源地，英国传统校服对世界各国的校服形制有着深远的影响。校服文化之所以在英国萌芽和发展，与英国的服装礼仪文化有很大的关系。在英式礼仪中，时刻保持着最好的仪态和着装是对对方的尊重，也是对自己的尊重。英国服装的着装规范（Dress Code）体系规定了在不同的时间、地点和场合，穿着不同形制的配套服装服饰，体现了服装礼仪语言与社会活动之间的映射关系。这套体系运用在校服上，能够使学生通过穿着不同种类校服带来的仪式感，对生活和学习中的场合、时间、事件、等级、秩序、计划等观念产生潜移默化的认识。

图1-8 现代伊顿公学的校服穿着更加时尚、随意

第二节
法国、德国、意大利等欧洲国家

欧洲其他各国（法国、德国、意大利和其他国家）的校服没有像英国一样出现的那么早。一些绘画作品显示，在17、18世纪的学校中，孩子们穿着随意，没有特殊之处（图1-9）。

有图片显示欧洲的校服是从19世纪开始出现的（图1-10），许多校服以军队风格为基础，如在第二次世界大战前的意大利，孩子们在学校内外都穿着军装风格的制服。因为这个历史原因，在战后，校服很长时间在德国和意大利都比较罕见。

图1-9　荷兰画家扬·斯特恩（Jan Steen）画作《乡村学校》（1670年）

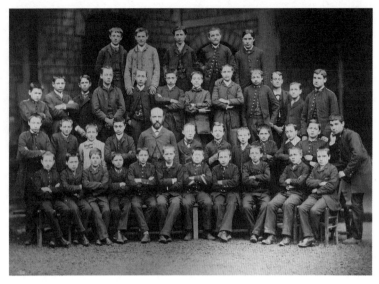

图1-10　1880年的法国学生

与校服相比，罩衫在欧洲国家更为普遍（如比利时、法国、意大利、西班牙等）。从严格意义上来说，罩衫更像是工作服，起到保护内层衣物的实用目的。

在意大利，很多幼儿园建议家长给孩子准备罩衫（意大利语：grembiule），即使学校不要求，一些家长也会主动给孩子穿上罩衫。如果按照校服的意义进行对照，罩衫只是在学校中穿用的保护清洁型服装，学校的标志性意义非常弱，不能被认为属于校服（图1-11）。

在欧洲各国的学校中，教会学校的校服覆盖面是最高的。无论校服的来源是免费发放的慈善机构供应还是家庭自己提供，统一的朴素着装与基督教谦卑、整洁、不过分注重外在衣饰的虔敬态度非常契合。即使在西班牙等校服不普遍的国家也是如此（图1-12）。

图1-11　意大利儿童在学校穿着的罩衫

图1-12　西班牙教会学校（摄于1951年）

第三节

美国、巴西、智利、阿根廷等美洲国家

以美国为代表的美洲国家普遍对校服不做硬性要求，它们更倾向于允许学生自由着装，仅在着装尺度上做一些限定性的规定。

一、美国

在20世纪60年代前，美国只有教会学校对学生有着装要求。1987年，美国首家公立学校——巴尔的摩的樱桃山小学发布了穿着校服的硬性规定，在社会上引发了强烈争议，反对方认为设立校服无疑增加了家长的额外支出。

1994年，美国西岸加州南部的长滩区要求区内所有小学和中学的学生穿校服，这拉开了校服制度在美国小学普及的序幕。1997年，3%的美国公立学校有校服要求，到2000年有超过21%的公立学校都设立了校服制度。

值得一提的是，1996年，美国做了一个关于校服的全国性调查，最后发表了《实施校服政策：对三个学区的案例研究》的研究报告。报告指出：

（1）长期使用校服可以减少学生中间的偷盗行为和暴力事件，有助于改善学校的安全状况；

（2）长期穿用校服可以增强学生的纪律感，有助于改善学生的课堂行为；

（3）校服相对于日常服装来说，价格适宜，可以减轻家长负担；

（4）校服减少了学生间相互攀比的风气；

（5）校服还能帮助学生提高学习成绩。

然而对这份调查的科学性和可靠性，一直存在很大争议，甚至有结果相反的科学研究。同时，强制要求学生穿校服与学生个人权利之间存在的矛盾也是争论的焦点。

因此，与校服相比，美国学校更多

的是推行着装规范（Dress Code），以协调教学规范和学生权利之间的矛盾。在美国学校中，典型的着装规范包括：

（1）不可穿着露肩的衣服；

（2）不可穿着过度撕裂的裤子；

（3）短裤必须长至手臂自然下垂时的指尖下面；

（4）服装上不许有歧视性的口号和符号；

（5）不许露出内衣。

对层出不穷、日益大胆的服装新款式进行限制是一件困难的事，因此即使存在争议，美国的校服普及率仍在慢慢提高。

二、巴西、智利等国家

巴西对校服没有法律规定，私立学校可以自由地制定自己的校服政策。值得注意的是位于巴西东北部的维多利亚市，他们已经把校服向智能化方向推进了一大步。公立学校的学生都穿着装有嵌入式芯片的T恤。通过这些"智能芯片校服"，系统自动统计学生有没有到学校。如果学生不在学校，系统自动将通知消息发送给学生家长。

其他南美洲国家，如智利、秘鲁、阿根廷、玻利维亚、乌拉圭等在校服方面也没有规定，这些国家似乎更受意大利和西班牙的影响。

第四节
澳大利亚、新西兰等大洋洲国家

澳大利亚、新西兰等国家传承英国的教育体系和文化，均采用英国校服形制，对校服文化非常重视。澳大利亚前总理吉拉德曾宣称："我们高质量教育的一部分，就是要学习如何向世界展示我们的形象，校服就是一部分。"在澳大利亚，从政府的指导性规定，到学校校服政策的制定、发布和修订，整个校服制度体系非常全面规范。例如新南威尔士州发布了"新南威尔士公立学校校服指引"，文件列举了校服的积极作用，包括：确认学生身份，培养学生归属感，增强学生健康和安全，减少不必要的攀比和昂贵的校服开支等。文件要求学校在制定校服政策时应有文件，必须与相关团体（学生、教师、家长、学校理事会等）协商，校服应符合健康、安全、反歧视、平等和安全等要求。同时，规定了不允许因为不遵守校服规定而对学生做停学或开除的处

罚，招生不允许建立在遵守校服规定的基础上等保护学生合法权益的措施。维多利亚州政府也制定了有关校服政策的指南。

澳大利亚学校的校服文件非常完备，有的多达20页。校服文件对高年级和低年级、男生和女生、秋冬季和春夏季、正装和运动服、服装和配饰等分类服装的款式、颜色、搭配都有详尽的图文说明。公立学校一般以简单、舒适为原则，会将校服的价格纳入考虑，而私立学校往往以校服作为吸引学生的一大亮点，校服往往品种繁复、设计独特、搭配完整（图1-13）。

新西兰大多数学校都要求学生穿校服，校服除了春夏和秋冬两季的衣物外，鞋帽、袜子、书包等必须统一。有些学校没有校服，但学生必须穿着能令人接受的服装。通常学校都有校服部，出售全新或二手的校服。当学生毕业或

校服变得不合身的时候，可以转卖给低年级的同学。

其他大洋洲国家，如斐济、汤加等，学校大多有自己的校服，有一些国家还在校服中加入了本国的服饰文化特色，如汤加的男生校服是裙子。

图1-13　澳大利亚的校服

第五节
日本、韩国、泰国、印度尼西亚等亚洲国家

随着近半个世纪以来亚洲经济的发展，亚洲校服文化获得了蓬勃的发展。日本、韩国、泰国、印度尼西亚等国家的校服在学习国际潮流的同时，发展出了自己的独特风貌，各具特色，呈现了本土化、民族化的特点。

一、日本

现代意义上的日本校服出现于20世纪20年代。难波知子在《裙裾之美——日本女生制服史》中提出，如以"表明学生身份，并佩戴所属学校徽章"作为校服界定条件的话，日本女子校服应出现于20世纪最初时期，那时女学生穿着的"袴"是表明学生身份的特定服装（图1-14），在袴裾的镶边或腰带上有学校的徽章。袴在现在的毕业典礼等场合仍在穿着。不过一般认为日本校服的出现是在穿用"洋服"之后，日本男生校服是类似军装的诘襟，女生则穿水手服（图1-15）。

现代日本的校服文化非常发达，在款式和色彩上具有明显的本土特色。在款式上，除了直接以最常见的诘襟和水

图1-14 明治时代女学生制服

图1-15 类似军服的男生诘襟和女生的水手服

手服作为校服外，诘襟和水手服的款式特征也被设计师们提炼出来，与现代服装款式结合，形成了特殊的日式校服风格。水手服的大翻领、飘带领结、露出膝盖的百褶短裙等都是日式校服的标志符号。

西式制服在日本校服中也占有非常大的比重，与英国和澳大利亚的西服款式相比，日本西式校服裁剪短小、俏丽、合体，门襟、领型、口袋等富于变化，深受学生喜爱。在颜色上，日本校服喜爱接近黑色的深蓝色、灰色和棕色，女生的格子裙则色彩明快雅致，与深色上衣搭配，动静有度，端庄文雅而富有活力（图1-16）。

与一些国家的学生抗议校服抹杀个性相反，在校外也穿校服是日本学生的特点之一，日本校服甚至成为学生文化的一部分，发展出很多有趣的风俗，如男生会把接近心脏的第二粒纽扣送给心仪的女生。而不同地区的女生校服裙长也各不相同，成为地区文化的有趣表现。

日本幼儿园和小学的校服尤其重视功能性和舒适性，也十分关注帽子、背包和鞋子等服饰品的设计，校服的整体搭配宽松舒适、自然醒目、美观大方，富有朝气。日式低龄儿童的服装中，常见的有罩衫、西服、水手装、无领T恤、短裙和短裤，式样简单宽松，面料舒适精美。在简单的服装上，用卡通画、形状可爱的彩色纽扣、口袋、标牌、名签等进行装饰，非常符合儿童的心理特点（图1-17、图1-18）。

图1-16　日本女生校服款式

图1-17　日本幼儿园的校服

图1-18　日式儿童校服设计

二、韩国

韩国第一所西式学校梨花女子大学（Ewha Womans University）建于1886年，当时学校为其仅有的四名学生缝制了红色制服。制服后来换成了由黑色裙子和白色衬衫组成的统一着装。韩国在

1910~1945年成为日本的殖民地，后来努力去殖民化，抹掉日本带来的文化影响。因此，虽然有一段时间韩国的制服与日本校服类似，但现在韩国校服更接近西式服装（图1-19）。

在韩国，学校的自豪感对学生来说很重要，而且校服的风格也越来越时

图1-19　韩国首尔街头学生穿着秋季校服（摄影：裴埈基）

图1-20　韩国的韩服校服

尚化。通过韩国青少年偶像和韩流电影、电视剧的广告宣传，校服在学生中广为接受，并成为讨论的时尚热点之一。为了通过校服进行爱国和传统教育，韩国韩服振兴中心在2020年1月份推出韩服校服，在现代校服的基础上加入韩服的传统款式元素，形成了具有国家文化特色的校服，令人印象深刻（图1-20）。

三、泰国、印度尼西亚等国家

在泰国，学生从小学到大学都必须穿着校服（图1-21）。在其他国家，大学要求穿校服是比较少见的。但是泰国学生认为校服免除时尚困扰，价格便宜，有学校归属感，因此并不反对穿着校服。

在印度尼西亚，按照规定，学生必须穿着校服。政府规定了所有公立学校的校服颜色，小学生（1~6年级）为上白下红、初中生（7~9年级）为上白下蓝、高中生（10~12年级）为上白下灰的搭配。私立学校可以自己设计校服。

政府规定具体如下：

（1）小学学生，男生穿白色的短袖衬衫和红色短裤，女生下装为长度到膝盖以下的裙子（图1-22）。

（2）初中学生，男生穿白色的短袖衬衫和海军蓝短裤或长裤，女生穿短袖白色衬衫和膝盖以下长度的海军蓝裙子（图1-23）。

（3）高中学生，男生穿白色的短袖衬衫和蓝灰色长裤，女生穿短袖或长袖白衬衫和膝盖以下长度的蓝灰色裙子。

印度尼西亚目前主要信仰的是伊斯兰教，尊重宗教信仰，尊重人们的服饰选择是印度尼西亚也是世界各国普遍应

图1-21　泰国普吉岛街头放学的学生

图1-22　印度尼西亚的小学校服

图1-23　印度尼西亚的初中校服

注意的问题。

另外，印度尼西亚也注重传统民族服饰，很多学校都有巴迪布（Batik，一种当地特色的蜡染印花布）制服，通常一周在星期四或星期五允许穿着一天。

这种制服包括巴迪布短袖或长袖衬衫，长裤或短裤，女生穿着长度到膝盖以下的裙子。巴迪布的图案和颜色由学校自己决定（图1-24）。

图1-24　穿着巴迪布校服的印度尼西亚小学生

第六节
中国

我国一直以礼仪之邦著称，唐代孔颖达在《春秋左传正义》中注解："中国有礼仪之大，故称夏；有服章之美，谓之华。"《礼记》更对服饰规范的重要性、各种场合的着装等做了详尽的说明。如《礼记·冠义》中说："凡人之所以为人者，礼义也。礼义之始，在于正容体，齐颜色，顺辞令。""故冠而后服备，服备而后容体正，颜色齐，辞令顺。"阐述了服饰对人的作用力。除此之外，史籍中关于服饰礼仪规范重要性的阐述数不胜数，形成了以《礼记》为核心教义的中华传统服饰价值观和审美观。中国人尊重秩序和礼教的传统观念、内敛融通的生活方式和思维习惯，为统一着装奠定了良好的基础。校服从清末开始在我国出现，到现代在城镇学校中基本实现全面普及。我国目前是校服普及率最高的国家之一。

追溯历史，在现代学校出现以前，我国的集中教学一般是私塾的形式。虽然在一些学生来源较集中的富贵阶层私塾里，有可能存在家族统一制作服装或特殊情况和场合制作统一服装的现象，但毕竟是极少数，且从未见到私塾对着装提出统一要求的资料，大部分私塾的学生都着常装（图1-25）。

1872年，中国首批留美幼童统一穿着长袍，外套马褂，头戴六合一统帽，脚穿黑色厚底官靴（图1-26）。到19世纪末、20世纪初，中国到美国、欧洲和日本留学的学生渐多，外国的教会学校在中国开始办学，校服作为"舶来品"开始在中国出现。

20世纪10年代开始，清末留日学生带回了日本的学生装，这时的学生装形式简洁，立领式制服，以黑色、深色和浅灰色为主（图1-27）。

同时，袖口宽大、露出小臂，俗称"倒大袖"的民国女学生装也开始盛行。

图1-25　清末私塾学生放学

图1-26　中国首批留美幼童

图1-27　1916年广州各学校学生植树

1912年1月9日，中华民国临时政府正式设立教育部，蔡元培为第一任教育总长。同年9月3日，教育部公布《学校制服规程令》，要求男学生制服形式与通用之操服同，寒季制服用黑色或蓝色，暑季制服用白色或灰色，一校中不得用两色；制帽形式与通用之操帽同，寒季用黑色，暑季加白套或用本国制草帽。靴鞋亦用本国制造品；各学校得特制帽章，颁给学生缀于帽前以为徽识。

女学生以常服（传统的袄裙装）为制服，寒季制服颜色用黑色或蓝色，暑季制服用白色或蓝色，一校中不得用两色；女学生自中等学校以上着裙，裙用黑色（图1-28）。女子学校可特制襟章颁给学生，佩于襟前，以为徽识。同时对制服面料做出要求：以本国制造品之坚固朴素者为主，并要求高等小学以上学校均应遵照本规程一律着制服。

体育是现代教育的重要标志，在当时的清华大学、南开大学、燕京大学等高等学府都被列为全程教学内容。体育服也是统一的，如做操有"操服"，棒球队有棒球服（图1-29）等。

图1-28 1920年燕京大学学生合影

图1-29 燕京大学女子棒球队

1929年2月1日，中华民国教育部又发布了《学生制服规程》，对全国各学校男女学生制服做了更为详尽的规定。"规程"带有附图，明确地画出了学生制服的具体款式。"规程"中校服细分到小学、初级小学、高级小学、高中等学校等不同教育层次，又按照男女、季节等进一步细分，包括夏衣、冬衣、帽式、鞋、袜、外套、裙、裤等。"规程"的规定内容非常细致，例如规定无论女生制服是长袍还是裙都要"长达膝与踝之中点"、袜子为"布质平底袜，冬长夏短，鞋袜色与衣裤同"等。

而在当时的私立学校，校服更加时尚多样。如金陵女子大学，随着时尚的变化，旗袍曾经代替宽袍大袖的传统裙褂成为校服（图1-30），在丰富多彩的教学活动中分别有不同的服装与之相配（图1-31）。

随着抗日战争、解放战争的胜利

图1-30　金陵女子大学旧照片

图1-31　金陵女子大学射箭课的服装

和新中国的社会主义建设和发展，到了1991年4月，国家教委（今教育部）在南京、大连、长沙进行校服试点，随后在1993年4月13日发布了《关于加强城市中小学生穿学生装（校服）管理工作的意见》。"意见"规定，城市中小学生穿学生装（校服）是指在一个城市范围内所有中小学生统一穿着学生服装，其服装不是时装、礼仪服或运动服，而是日常穿着的学生服装。接下来，各地根据自身情况也出台了地方管理办法。

2015年6月30日，国家标准化管理委员会批准发布了国家标准GB/T 31888—2015《中小学生校服》，这是我国第一个专门针对中小学生校服产品的国家标准。"标准"主要对中小学校服的质量安全规范进行了要求。

我国目前的校服虽然普及率高，社会接受程度高，但满意度低，主要的问题在于校服品种单一，款式普通，在美观性、时尚性等方面有所欠缺，校服的合体程度也存在问题。当然，这与我国的教学场地不足有直接关系。在英国和澳大利亚等国家，学生日常穿西服、衬衫、连衣裙或Polo衫、休闲裤等校服，在体育课和户外运动时，有专门的更衣室更换运动校服，这在我国还无法实现。为了保证体育课正常进行，学生绝大多数时间穿运动服。而运动服不是以审美和礼仪为主要功能的服装，在时尚和美观程度上无法与西服、衬衫和连衣裙相比。

事实上，校服在增强集体荣誉感的同时，也承担着"服装美学教育"的责任，对培养学生良好的审美品位，提升学校整体外在形象有着重要的作用。服装对人的心理有着重要的影响，合体美观的着装对人的行为也有一定的规范作用。以运动服代替礼仪校服，实际上造成了校服在美育和文化方面的功能缺失。因此，我国推行和改进校服形制面临的不是提升普及率的问题，而是校服体系功能的转移和提高审美性的问题，应尽量安排更多的场合和时间使学生多穿着礼仪校服和日常校服。

值得注意的是，近年来，越来越多学校开始关注校服的美观问题，展开了积极的尝试，通过校服的辅助塑造了良好的学校形象（图1-32）；一些经济较发达的城市也参照校服文化发达的国

图1-32　中国安徽省合肥市第八中学校服

家，将校服分为礼服、常服和运动服，建立了比较全备的校服体系。许多学校将周一升国旗的日子作为礼仪日，要求学生穿着礼服，主要是衬衫、西服等服装；周二到周四穿着常服和运动服；周五学生可自由穿着自己的服装。校服又分为夏装和冬装，包括短袖、长袖、T恤、裙、裤、外套、棉衣等，可以保证学生一年四季的穿着需要。

另外，近年来还出现了越来越多的"班服"。班服是在一些特殊场合（如运动会、艺术节等）中，以班级为单位统一穿着的服装。班级是学生日常学习生活的一级单位，与学校相比有不同的意义，集体情感纽带也更加紧密，班服的出现是这一情感的体现和表达。

校服属于制服类日常服装，与普通的日常装相比，校服设计的规范性较强，自由度受到较多限制。

在日常服装设计中，服装的属性是日用产品，必须以人作为设计服务对象，以穿用舒适性作为设计目的，以成本作为设计的重要参考指标。在做日常服装设计的时候，首先应进行TPO分析，即Time（季节、时间）、Place（地点）、Occasion（场合），其中时间、地点主要对应服装的热湿性能要求，决定面料的选用，而场合（或场景）则决定色彩图案和款式设计。

对日常服装的款式设计来说，最基本的工作是研究和考虑不同目标人群的体型、穿着行为和运动习惯，对设计所服务的目标人群展开分析研究，以人为主体，研究人体结构、生理功能、心理特点、运动力学等与服装之间的合理协调关系，以适合人的身心活动要求，取得最佳的使用效能，其目标是安全、健康、高效能和舒适。以人为本的服装设计应该是令人舒适、愉悦，对人身心有益的。

一般来说，好的服装产品应当符合以下基本要求：

（1）符合目标人群的心理需求和审美偏好，对人的精神和情绪状态有较好的调节作用；

（2）款式结构符合目标人群的体型，改善人体比例、纠正体态；

（3）具有防寒保暖、吸湿透气等安全防护性；

（4）满足目标人群的日常行为和动作要求，满足人体不同姿态的舒适性要求。

第一节
校服的作用

学校是学生在学习生涯中度过时间最长的地方，学生不仅在这里学习知识、培养品德、树立理想、构建人格，还与老师和同龄人接触交往，学习遵守纪律，尊重社会秩序，与人建立情感联系。而服装是人类的忠实伙伴，自人类从蒙昧状态中觉醒开始，服装就出现在人类创造的第一批产品中。没有什么日用品像服装一样如影随形地服务和影响着人类。一件好的服装不仅能够保护人体，使人的各项生理状态指标处于最舒适的状态，同时还能改变人的外表，纠正人的体态，影响人的情绪，使人焕发出更好的精神面貌。长期穿着优质美好的服装，还能培养人健康向上的积极心态，使人受到美的熏陶，提升人对美和艺术的鉴赏能力，培养好的穿衣品味。因此，校服在学生成长和受教育的过程中可以发挥非常大的辅助作用。

校服的作用可归纳为防护、美育和德育三个方面，在进行校服设计时也应将这三个方面作为设计的原则进行全面考虑。

一、校服的防护作用

（一）防寒保暖

学生在学校的学习生活跨越四季，夏有暑热，冬有严寒。儿童是抵抗力较弱的群体，特别需要适时加减服装。我国以往的校服构成比较单一，而很多国家的校服从夏季的短袖T恤与短裤，到秋季的长袖T恤与长裤，又有毛织背心、毛织开衫、外套、棉衣等配套，在服装的保暖功能细分上考虑得相当周到（图2-1）。

（二）适应人体生长发育与运动需要

人生长的全盛时期基本是在求学

图2-1　日本名城大学附属高等学校的冬季校服与夏季校服

时度过的。学生一般从幼儿园开始，到高中毕业都会穿用校服，因此学生穿着校服的年龄从3~18岁。这期间学生的身高平均在85~170cm，身高增长近一倍。因此，穿着校服期间的儿童和青少年处于快速发育阶段，无论身体还是心理都需要全面细致的保护。在校服设计中，应该更加重视人体工学的应用，使校服既能满足儿童和青少年健康发育的要求，又符合青少年阶段的心理要求，呈现出他们独特的精神风貌，还能对学生进行一定的着装教育和美学教育，促进学生身心的全方面发展。

同时，学生时期的运动量最大，即使在不上体育课的时候，学生的活动幅度和频率也远远大于成人。基于此，现阶段绝大部分学生穿着的校服宽松肥大。其实过于肥大的服装有损美观，而且服装的运动性能并不理想，过于肥大的服装还会牵绊肢体，造成摔跤等意外伤害。校服设计和穿用的科学原则应该是适度宽松，特别是在关节部位，以及手臂、后背和腰部等处，应在结构设计和板型处理上有所考虑。同时应将文化课和体育课的服装区分开，在运动校服上选用高性能面料，将体育竞技服装中较新的科技和成果放进运动校服中，给学生提供全面科学的防护。

（三）纠正体态

过于肥大的运动式校服还会产生另一个副作用——学生很容易产生歪斜松垮的姿态，在生长发育的关键阶段，容易造成身体发育的侧斜。与我国以运动式校服为主的状况不同，在校服文化发达的国家，学生日常多穿着礼仪校服（如衬衫、西服上衣、西裤或裙子等）。礼仪校服由于款式结构严谨适体，风格端庄文雅，在身体感受和心理潜移两方面都能在一定程度上约束学生不正确的姿势，纠正体态，从长远来看对学生生长发育有着非常积极的影响（图2-2）。

（四）防护与安全

安全性是校服最基本、最重要的性能。安全性随着服装款式的不同有较大差别。长期形成的传统校服款式虽然在很多青少年看来过于保守、没有个性，但在防护、安全和舒适方面的功能性往往是最佳的。而很多标新立异的时尚服装在穿用性能上确实存在一些缺陷。因此，一些学校以安全为理由，制定了很多规定，限制学生穿着奇装异服。如澳大利亚的罗切达尔州立学校规定，出于防晒考虑，在自由着装日不能穿着跨栏背心、无袖衬衫、露脐装，超短裙或超短裤；拖鞋和高跟鞋，指甲油、化妆、首饰等均被认为在安全和健康上存在隐患，被严格限制。

二、校服的美育作用

蔡元培在阐述教育理念时提出："要有良好的社会，必先有良好的个人，要有良好的个人，就要先有良好的教育。""一个完整强健人格的养成，并不源于知识的灌输，而在于感情的陶养。这种陶养就在于美育。"对学生的美育，除了文学艺术课程、校园环境、课内外活动以外，学生日常接触的书本文具等日用品都能起到一定的辅助作用，而美的校服对人们美的感受具有最直接的影响。

（一）和谐活泼的色彩美

色彩是服装设计的第一要素，是校服映入眼帘的第一印象。好的校服色彩图案设计既和谐悦目，又有新鲜活泼的

图2-2　中国广东省深圳市明德实验学校的校服

生气或文雅内敛的稳定感，给人舒适愉悦、积极向上的影响（图2-3、图2-4）。校服的色彩图案设计与其他服装相比，有自身的受限因素，如面料质地对色彩的影响、色彩选择的安全性与轻重感、校服集体穿着时的全场效果等，必须充分考量各方面的因素，才能获得合理的配色与图案设计方案。

（二）端庄大方的款式美

与社会流行服装不同，校服的款式风格端庄大方，避免了很多短期的流行时尚行为，对学生的服饰审美观有较好的矫正作用。但另一方面，完全没有时尚要素的款式也无法得到学生的认同，不能引发审美行为，也起不到美育的作用。校服与社会服装相比，需要更加高超的设计技巧，传达出更为凝练的美感。

（三）舒适健康的自然美

在人类社会的进程中，出现了很多为了追求美而伤害身体的行为。学生处于各种价值观成型的时期，对自身有较高的期待，对别人的评价感受非常敏感，容易出现一些盲从的穿着行为。在这个阶段通过推广舒适美观的校服，使学生建立起舒适、健康和自然的服饰审美观，有利于学生长远的健康发展。

（四）悠久厚重的文化美

服装服饰文化是人类灿烂文明史上的一环，国家文化、民族文化、地区文化、校园文化，甚至班级文化都能通过服装服饰输出，给人直观的文化感受。一些学校建立起具有特色的长期的校服

图2-3　纪录片《隔壁的班级》中英国某小学的校服

图2-4　澳大利亚艾文豪女子文法学校的校服

制度，将校服纳入学校文化建设之内；一些学生在毕业以后，看到校服就能回忆起那段求学时光，引发温暖的情怀，这都是美好的校服带来的积极作用和影响。

一所注重着装礼仪和规范的学校也使人们产生管理得当、秩序井然、学风上进的良好印象。前文提到的伊顿公学、哈罗公学，都以讲究的、独特的校服著称，校服是这些学校经常会被提及的校园文化特色部分。沉淀下来的校服文化使学生对学校悠久的历史产生自豪感。最古老的"基督公学"校服在2010年学生投票中获得广泛认可，95%的学生认为应该保留这套校服的形制。虽然蓝色的长袍外套和黄色袜子的搭配已显得古老过时，但他们为学校的历史感到骄傲。同样，哈罗公学的草帽业已成为

学校的标识，穿戴这些校服，仿佛穿戴了学校悠长的历史一样。

在我国香港，很多学校保留着女生穿着长衫的传统（长衫是香港对旗袍的习惯称谓），朴素的蓝色布料裁剪合体，封闭的立领结构使学生保持昂首挺胸的良好仪态，同时又与东方人端庄淡雅的气质相得益彰。长衫校服里凝练着香港的百年历史，对学生具有很好的教育作用。近年来，内地的学校也重新珍视传统文化，在特色校服上开展了有益的尝试（图2-5）。

三、校服的德育作用

（一）有利于形成平等的价值观

校服对学生形成人人平等的价值观和人生观具有重要的影响。校服制度避

图2-5　中国广东省广州市真光中学的长衫校服

免了家庭经济条件或服饰观念差别对学生的不利影响，同时无差别的外观有利于学生相互尊重，同时也增强自己的自信心。

（二）有利于形成集体意识

在统一着装的集体中，"个人是集体的一分子"这个概念得以在视觉上外化，影响学生的行为。同时，穿着一致的校服显示出集体生活的社会意义，使学生培养出一定的社会观念和意识。

（三）有利于形成秩序观

在校服文化较为发达的国家，大部分学校规定在不同的季节、时间、课程和场合穿着不同款式的校服。这与服装款式的结构特性有一定的关系。在西式服装体系中，礼仪类服装往往外观合体，而运动功能不佳，因此一般场合和运动场合的服装必须有所区分（图2-6）。西方服装体系在19~20世纪

之交传入我国，距今只有百年历史，受到经济和文化的多重因素影响，很多观念在我国还没有被广泛接受。然而，从服装穿用的科学角度考虑，在不同的场合穿用不同风格和款式的校服，能够传达出学习、运动和生活场景的秩序感和仪式感，对学生建立正确的"时—事"秩序观有良好的影响。

（四）有利于形成个人荣誉感

在一些学校，校服承载的不仅是统一和秩序，还有奖励、荣耀、鼓励、责任等。例如伊顿公学通过配饰和服装的颜色，把学习优秀的学生、获得特殊奖励的学生、学生中的管理者等从普通学生中分别出来，作为对学生的奖励；日本一年级的新生必须戴黄色帽子，大一点的孩子会通过帽子的颜色对这些新生特别留心照顾，培养学生照顾弱小的责任心；在我国，学生干部佩戴"两道杠""三道杠"的臂章，对这些学生

图2-6　常服、运动服对应不同的教学场合（广东惠州中学校服）

的荣誉感、责任感培养也有积极的作用。通过校服的外在标识作用，一方面使优秀学生产生荣誉感和责任感，另一方面引发普通学生的向往，促进向上的学风。

美国的一个数据库网站（Statistic Brain）2017年的调查显示，学生和教师在以下方面认同校服的作用（表2-1）。

虽然在美国，校服争议的声音最大，仅有21%的学校设立并推行校服的政策，其余大部分学校以制定"着装规范"代替，但是调查显示，学生对校服的反感度并没有想象中那么高，仅有9%的人完全讨厌校服（图2-7）。

表2-1 学生和教师对校服作用的认同率调查

关于校服作用的观点	学生赞同率（%）	教师赞同率（%）
校服阻碍了个性表达和创造力	34	5
校服妨碍个人自由	36	0
提升安全感	41	86
增强学校自豪感，塑造了团体意识	42	80
校服节省了花费	49	86
解决了穿着不同品牌服装的压力问题	47	90
改善了学生行为举止	37	95
大幅度减小了对学习的干扰	38	81
减少了学生之间的竞争	36	52
改善了学习环境	35	81

你上学的时候喜欢学校的校服吗？

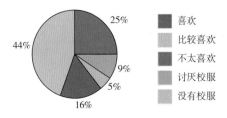

25% 喜欢
比较喜欢
44% 不太喜欢
9% 讨厌校服
5% 没有校服
16%

图2-7 关于"你是否喜欢穿校服"的调查结果

第二节
学校生活场景与校服功能匹配分析

广义的学校生活可以分为以下四类场景。

一、上学与放学

上学与放学是学生从家到校园的必经阶段，是校园生活不可忽视的外延。这个场景处于户外，有时学生没有成年人看管，因此包含的危险因素最多，最需要校服提供安全防护功能。风险因素与校服功能需求包括：

（一）天气因素

上学与放学途中难免遭遇风雨天气。因此在澳大利亚的一些经常刮大风的城市，在校服系列中配备了风雨衣，在材料上选用质地紧密的防风材料，在款式上用风帽、立领、肩盖布、扎紧带等防风雨结构提高校服的防护作用。同时，在日晒强烈的地区，帽子也是校服中必要的组成部分。

（二）交通因素

在现代城市的上学与放学路上，交通成为更具风险的因素。日本出于安全考虑，规定小学生在上学和放学途中都要戴帽子。主要原因是日本学生都是自己上学和放学，而小学生个子矮小，开车的司机很可能看不见。每个学校的帽子和款式都不同，但一年级新生的帽子都是黄色的，便于他人给予额外关注和照顾（图2-8）。

二、室内课堂

室内课程在教学中占的比例最大，学生以坐姿为主。在世界上大部分国家，在室内课程与一般教学场合中，学生

图2-8 日本规定小学生上学和放学途中必须戴帽子

穿着礼仪式或日常式的服装，包括T恤、衬衫、短裤、长裤、裙子、连衣裙、西服套装、毛衫等，款式大方，比较合体，风格正式端庄（图2-9）。

三、运动课堂

运动类课程包括跑操、体育课等。

这类课程应该穿着运动服装，运动服装与礼仪式服装相比，结构较为宽松自由，面料为弹性面料，色彩也更加鲜艳活泼，具有一定的运动感。在一些发达国家，要求在上体育课的时候更换运动服，而我国由于场地的限制，无法做到礼仪服装和运动服装的随时更换，因此绝大部分学校只有一套运动式校服。在这种情况下，更应该保证校服设计的合理性，使其既具有适合室内上课的和谐稳定效果，又能满足户外活动的要求。

图2-9　新加坡圣法兰西斯卫理学校校服

四、特殊场合

特殊场合包括文化节、艺术节、兴趣班、社团活动等，一些学校根据本校的特色艺术活动，也设计了专门的服装。如合唱团服装、乐队服装、啦啦队服装、球队服装等（图2-10）。这些服装一般在艺术活动时穿着，因此在设计的时候可以在校服主基调的基础上，加入更加戏剧化的色彩或款式元素。

图2-10　中国香港拔萃女书院的两种校服

第三节
校服的分类与常见组成单品

综合上节所述，再加上季节因素，一般来说，在一个完备的校服系列里，包含的服装服饰单品可达20余款。这些单品的分类如下。

一、校服的分类

（一）按季节，分为春夏季和秋冬季校服

春夏季校服面料较薄，注重透气性、吸湿性等穿着性能。尤其夏季，一般为短袖上衣和短裤、短裙；在色彩

上，春夏季校服一般讲求清新活泼，以浅色和亮色为主（图2-11、图2-12）。

秋冬季校服除长袖衬衫、T恤之外，还有背心、毛衫、西服外套、运动外套、棉衣等保暖衣物；在色彩上，以深色系为主（图2-13、图2-14）。

（二）按穿着场合，分为礼仪校服（简称礼服）、日常校服（简称常服）和运动服

礼服是在学校集会、集体活动等场合穿着的正式服装，一般使用机织（梭

图2-11　春夏季服装色彩

图2-12　纪录片《隔壁的班级》中的夏季校服

图2-13　秋冬季服装色彩

图2-14　纪录片《隔壁的班级》中的秋冬季校服

织）面料，机织面料质地紧密，具有良好的廓型塑造性能，裁剪合体，外观整洁、端正大方。

常服是在室内听课和日常活动时穿着的校服，日常的裙子、裤子、衬衫、连衣裙、外套等多为机织面料，而T恤、毛衫等是针织面料。与礼服相比，常服的正式等级略低，在装饰性、合体度等方面要求略低，而对穿着舒适性和日常运动功能的要求增高。整体廓型仍应合体、端庄、整洁。

以上两类服装可统称为正装，澳大利亚的学校称为学术校服（Academic Uniform）。在说到校服文化时，大多数国家和地区是指正装校服。

运动服是在体育课、运动会等场合穿着的服装，一般使用针织面料。针织面料质地柔软，富有弹性，运动性能良好。运动服以满足运动功能为第一设计目标，其外观审美标准与礼服、日常服是有差异的。

人在青少年时期，无论身心都在发育。运动校服满足日常活动和身体运动的需要，礼服承担着服装在礼仪、姿态、审美、举止上的教化责任，常服则必须兼具这两方面的功能。这三类服装在校服中都必不可少。

（三）按穿着部位，分为上装、下装和连体装（如连衣裙、背带裙等）

一般来说，上下身分开的服装运动功能更好，绝大多数校服都采取上装和下装分开的两件式形式。男生与女生的上装大致相同，常见的不同之处是，女生的礼服下装常为裙子，男生为裤子。国外教育注重细节，通过男生着裤、女生着裙的区别，进行性别教育，但也遇到了越来越多有性别认知问题的学生，英国、波多黎各等国家和地区对此已做了相关规定，保护这部分学生的合法权益。

一些学校的女生礼服采用连衣裙的形式。连衣裙是最具女性气质的服装品种，连衣裙的校服形式有利于培养女生柔美的气质（图2-15）。背带裙与连衣裙相比，柔美感略少，但增加了天真活泼的气氛，运动性能也好于连衣裙，适合低年龄段的女生穿着。

（四）按主次关系，分为服装和服饰

除了主体服装，澳大利亚、日本等国家和地区还有非常齐全的配饰规定。校服的功能之一是消除贫富对学生的心理影响，配饰使学生外观形象完全统一、没有任何个人炫耀财富的余地。另外，很多服饰有保护的功能，学校为了保护学生的人身安全，规定必须推广这些服饰配件。

在一些国家和地区，书包、袜子、发带和皮鞋也是统一的（图2-16、图2-17）。学生在上学和放学的时候会戴帽子，一方面是因为美观，另一方面也有防晒的作用。

二、校服常见组成单品

一般来说，一个较为全面的校服方案至少应当包含以下单品。

图2-15 中国香港道教联合会邓显纪念中学的连衣裙校服

图2-16 统一的书包

图2-17 统一的帽子和书包

（一）礼服

1.男生礼服

（1）男生夏季礼服衬衫：适用于男生在较热天气出席正式场合，例如升旗、集体活动等，也可作为日常服穿着（图2-18）。

（2）男生春秋季礼服衬衫：适用于春季、秋季等较为凉爽的天气，也可作为日常服穿着（图2-19）。

（3）男生西服礼服：男生秋冬季节穿着的礼服外套，也可作为日常服穿着（图2-20）。

2.女生礼服

（1）女生夏季礼服衬衫：适用于女生在较热天气出席正式场合穿着，也可作为日常服穿着（图2-21）。

图2-18 男生夏季礼服衬衫套装

图2-19 男生秋季礼服衬衫套装

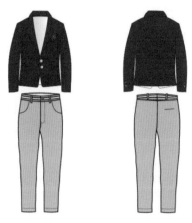

图2-20 男生秋冬季礼服西服套装

图2-21 女生夏季礼服衬衫套装

（2）女生春秋季礼服衬衫：适用于春季、秋季等较为凉爽的天气，也可作为日常服穿着（图2-22）。

（3）女生西服礼服：女生秋冬季节穿着的礼服外套，也可作为日常服穿着（图2-23）。

（二）运动服

运动服一般来说是男女通用的款式，分为夏季和冬季两种，分别适合天气暖热或寒凉的季节（图2-24、图2-25）。

（三）常服

为节约成本，礼服衬衫、西服等均可通用为常服，同时，还可以设计毛背心或毛衫、外套或棉衣等在换季时调节温度的常服，保证学生身体的舒适、健康和安全（图2-26）。

图2-22 女生秋季礼服衬衫套装

图2-23 女生秋冬季礼服西服套装

图2-24　春夏季运动服　　　　　　　　　　图2-25　秋冬季运动服

图2-26　毛背心、棉服等校服常服

第三章
青少年儿童的成长规律与校服标准

儿童正式进入集体生活的时间一般为3岁，到大学时期仍有可能穿着校服。孩子在近20年的学校生活中无论在身体还是心理上都经历着迅速的成长，与成年人相比，社会角色不同，学习与生活的内容不同，身体和心理状况也迥异。同时，青少年儿童在不同的年龄阶段，也有不同的生理状况和心理特点。

首先，应注意儿童的发育并不是均匀进行的，而是到了某一个年龄段突然出现的生理现象。人身高的增长有两个高峰：第一个高峰发生在1岁左右，那时身高一般增加50%以上；第二个生长高峰出现于初中阶段，女孩是10~14岁，男孩是14~17岁。

其次，每个年龄段的青少年儿童有自身的体型、姿势和比例，不同的年龄，发育的部位不同。即使身高相同，不同年龄的儿童各部位的尺寸也是完全不同的。即使2岁的幼儿与4岁的幼儿身高一样，但他们的颈长、腿长、臂长等尺寸也会有很大差别，比例完全不同。

因此，校服设计必须针对不同阶段的青少年及儿童的具体情况进行分析和设计。

第一节

青少年儿童成长的一般规律

具体来说，按照学阶，青少年儿童穿着校服的时期可分为幼儿园时期、小学时期、中学时期和大学时期。

一、幼儿园时期（3~6岁）

幼儿园时期的儿童年龄为3~6岁。经过从出生到3岁的快速发育生长，3~6岁的儿童生长速度放缓，变得平稳。在这个时期，孩子的体格发育方面，出现了下列一些特点：体重每年增加不足2kg，身高的增长也比较稳定，每年5~7.5cm，同时身体的组织结构和器官的功能都有所增强。由于身高的增长速度相对大于体重的增加速度，因此从外表上来看，孩子似乎不像过去那样胖乎乎的，显得细长了些。这个阶段的孩子精力比以前充沛，爱跑爱跳，可以连续活动5~6个小时，活动量很大，体力的消耗也增加了，也使他们的体型显得比较瘦长。

在体型上，孩子的肩部线条突出、厚度减少，小腹变平，背部曲率增大，下肢变细，腿部和全身的比例在增加。具体来说，特征如下：

（1）从正面看，幼儿园时期的儿童体型像一个圆柱形，三围尺寸变化很小，没有成人的明显曲线，换句话说，几乎没有腰部。因此这个年龄段的服装多使用H型和A型的廓型，很少采用X廓型。

（2）从侧面看，幼儿园时期的儿童体型腹部向前突出，后腰凹进，形成了类似成人肥胖体型的凸肚体型，这个体型到小学时期才渐渐消失。这是低龄儿童体型的一个很重要的特征，在进行款式设计时必须考虑这一点。

（3）幼儿园时期儿童的腿部与全身的比例随着年龄的增长不断变化。年龄越小，腿越短，随着年龄的增长，腿部的比例不断增加。

在生活能力方面，3 岁以上的儿童身体和手的基本动作已经比较自如，由于骨骼肌肉系统、大脑和神经系统的不断发育，加上经验和技能的积累，儿童从 3 岁开始就能够掌握各种大动作和一些精细的动作，例如 3 岁以上的儿童能自己进餐、穿脱衣服，能系上子母扣，6 岁能系带子等。

这个时期儿童的情绪一般比较兴奋，大多数情况下很高兴。他们的行为受情绪影响大，积极性高。他们对周围事物感到好奇、新鲜，有强烈的求知欲和认识事物的兴趣，也容易受外界和周围气氛的感染。

5 ~ 6 岁的儿童对事物已经开始有较为稳定的态度，在遇到问题时可以想办法尝试解决，并会事先计划，对待事物开始形成自己的独立见解。在情绪上变得稳定，会克制情绪，开始形成自己的个性。孩子们个性之间的差异开始变得明显。

二、小学时期（6 ~ 12 岁）

6 ~ 12 岁期间是儿童身体发育的关键期，儿童将在这个阶段开始进入青春期早期。一般来讲，6 ~ 10 岁属于儿童期，11 ~ 12 岁属于青春期早期。所以，小学阶段的儿童生长发育既有儿童期特点，又有青春期早期的特点。

儿童期体格发育基本平稳，身高平均每年增长 4 ~ 5cm，体重平均年增长 2 ~ 3.5kg。10 岁以后，体格发育迅速。男孩身高每年可增长 7 ~ 12cm，女孩一般每年可增长 5 ~ 10cm（因人而异）。而这个阶段的体重每年可增长 4 ~ 5kg，或 8 ~ 10kg。女孩身高生长突增开始在 10 岁左右，此时女孩身高开始赶上并超过同龄男孩。男孩身高生长突增约从 12 岁开始，到 13 ~ 14 岁男孩身高生长水平又赶上并超过同龄女孩。由于男孩身高突增幅度较大，生长时间持续较长，所以到成年时男孩绝大多数身体形态指标均比女孩高。

在体型上，男孩的肩膀比女孩要宽，女孩的腰部变得更加纤细。11 ~ 12 岁女孩的发育较快，青春期比男孩提前两年，躯体显得更胖，臀部尺寸增加更快，胸部开始发育。

这个年龄段的孩子情绪逐渐稳定，做事积极，但又缺乏耐心。愿意主动参加集体活动，开朗活泼，求知欲旺盛。喜欢交往和集体生活，集体荣誉感逐渐建立起来（图 3-1）。

图 3-1　广州市汇景实验学校的小学生们

到了四年级以上，孩子的自主意识增强，开始意识到"自己"，分析问题时开始确立"自己"的位置。喜欢独立做事，在穿衣方面也有了自己的主见。高年级的女生开始对打扮自己感兴趣，不再喜欢过于鲜艳夺目的颜色。

三、中学时期（12～18岁）

（一）初中时期（12～15岁）

初中时期又可称为少年期，孩子外形变化最明显的特征就是身高的迅速增长。这个阶段身高增长异常迅速，每年至少要长高6~8cm，甚至可达到10~11cm。

少年期身体还将出现第二性征。在体型方面，男性喉结突出、体格高大、肌肉发达；女性乳房隆起、骨盆宽大、皮下脂肪增多等。这些第二性征的出现使得男、女少年期在外形上的差异日益明显。

这时的少男、少女身高和体重已基本与成人相同，只是略显瘦长一些，胸围尺寸也与成人大不相同。

初中是儿童向青少年过渡的重要时期，这个时期不仅在身高和头面部出现了明显变化，在心理上也表现出过渡期的不平衡感，体现出较多的心理冲突和矛盾。他们一方面想勇敢地表现自己，另一方面又觉得自卑、不自信，既有着孩子的天真烂漫，又否定着童年的幼稚和无忧无虑，追求像大人那样的自主和坚强。他们开始关注异性，更加注重形象。小时候经常穿着的高纯度红色、粉色、绿色、蓝色，现在成了他们取笑和拒绝的颜色，甚至连书包、鞋子、文具等，廓型、色彩都不允许出现孩子气的元素。

（二）高中时期（15～18岁）

高中时期处于青春发育的末期，大部分学生的体型已与成人差别不大。此时人体基本发育成熟，成长相对稳定。在高（长）度指标上生长减慢，体重、人体围度的增长率比高（长）度大。男生肌肉增多，越来越强壮；女生积累脂肪，体态比初中时期丰满。但总的来说，高中生的体型还是较成人偏瘦（图3-2）。

高中时期的学生开始形成自己的人生观、世界观和价值观，并体现出与每一个时代相关的群体性特点，他们既希望自己与众不同，又怕被别人孤立；追逐热点，喜欢时尚和流行文化，但又讨厌庸俗，过于大众的流行热点和他们期盼与众不同的心理相违背。他们比较挑剔，怀疑社会规则，但又忐忑不安地想融入社会之中，渴望成就和荣誉。这个时期的学生喜欢深刻、成熟、宽博、独特等性格特点，注重内心的感受。大部分学生保持着对外表的关注，但不想过多地表现自己，很多学生缺乏自己穿着搭配的经验，所以在周末也宁愿穿着校服。

四、大学时期（18～22岁）

大学生的身心发育已趋成熟，无论是外形还是内在，都富有年轻人独有的健康、朝气和活力。大学时期是学生个性化学习和发展的时期，不适合对学生的日常着装做统一要求，但是在体育课、学校集体活动等场合最好穿着安全舒适、外观一致的服装。大学校服一般比较简单，常见春夏和秋冬两季的运动服。在设计风格上与小学、初中校服相比，也更为稳健、简洁、朴素和成熟。

图3-2 广州市广雅中学的中学生们

第二节

青少年儿童服装的号型标准

人出生时身高约50cm，到了成年时期，女性平均身高约160cm，男性平均身高约170cm，在接近20年的时间里身体发育幅度大、速度快，而且这个过程不是匀速进行的，而是某一些阶段发育快，某一些阶段相对平稳。这种不均衡的发育过程给校服的设计和制作带来了一定的困难。从校服生产的技术角度看，校服款式相对而言较为稳定和简洁，技术难度不大，但青少年儿童的身体尺寸变化快、跨度大，因此校服尺寸的准确性成为校服设计制作的难点和重点。

不同国家和地区的青少年儿童体型存在着差异，欧洲的青少年儿童体型圆润立体，亚洲的青少年儿童则较为消瘦。为了指导儿童服装的生产制作，有的国家发布了相应的指导性标准，有的国家则依靠企业自己的经验数据生产。相形之下，我国的校服规范较为全面，特别是在号型标准方面，从儿

童出生到成年，均制定了相应的国家号型标准。相关标准包括GB/T 1335.1《服装号型 男子》、GB/T 1335.2《服装号型 女子》和GB/T 1335.3《服装号型 儿童》。

一、我国童装号型标准GB/T 1335.3《服装号型 儿童》

我国的童装号型标准实行了几个版本，最新的版本GB/T 1335.3—2009《服装号型 儿童》在原来的GB/T 1335.3—1997《服装号型 儿童》的基础上进行了修订，于2010年1月1日开始实施。

GB/T 1335.3—2009《服装号型 儿童》规定了婴幼儿和儿童服装的号型定义、号型标志、号型应用和号型系列，适用于成批生产的婴幼儿及儿童服装。这个标准包含了婴儿身高范围从52~80cm，女童身高范围从80~155cm，

男童身高范围从80~160cm。超过155cm的女童和160cm的男童服装可参考使用成人的号型标准。具体内容如下。

（一）童装号型系列（略去婴儿装部分）

身高80～130cm的儿童，身高以10cm分档，胸围以4cm分档，腰围以3cm分档，分别组成10·4系列和10·3系列（表3-1、表3-2）。

身高135～160cm的男童、135～155cm的女童，身高以5cm分档，胸围以4cm分档，腰围以3cm分档，分别组成5·4系列和5·3系列（表3-3～表3-6）。

表3-1　身高80～130cm儿童上装号型系列　　　单位：cm

号	型				
80	48				
90	48	52	56		
100	48	52	56		
110		52	56		
120		52	56	60	
130			56	60	64

表3-2　身高80～130cm儿童下装号型系列　　　单位：cm

号	型				
80	47				
90	47	50	53		
100	47	50	53		
110		50	53		
120		50	53	56	
130			53	56	59

表3-3　身高135～160cm男童上装号型系列　　　单位：cm

号	型				
135	60	64	68		
140	60	64	68		
145		64	68	72	
150		64	68	72	
155			68	72	76
160				72	76	80

表3-4　身高135～160cm男童下装号型系列　　　　单位：cm

号	型					
135	54	57	60			
140	54	57	60			
145		57	60	63		
150		57	60	63		
155			60	63	66	
160				63	66	69

表3-5　身高135～155cm女童上装号型系列　　　　单位：cm

号	型				
135	56	60	64		
140		60	64		
145			64	68	
150			64	68	72
155				68	72	76

表3-6　身高135～155cm女童下装号型系列　　　　单位：cm

号	型				
135	49	52	55		
140		52	55		
145			55	58	
150			55	58	61
155				58	61	64

（二）儿童服装号型各系列控制部位数值（表3-7～表3-15）

表3-7　身高80～130cm儿童控制部位的数值（号）　　　　单位：cm

	号	80	90	100	110	120	130
长度部位	身高	80	90	100	110	120	130
	坐姿颈椎点高	30	34	38	42	46	50
	全臂长	25	28	31	34	37	40
	腰围高	44	51	58	65	72	79

表3-8 身高80~130cm儿童控制部位的数值（上装型） 单位：cm

上装型		48	52	56	60	64
围度部位	胸围	48	52	56	60	64
	颈围	24.2	25	25.8	26.6	27.4
	总肩宽	24.4	26.2	28	29.8	31.6

表3-9 身高80~130cm儿童控制部位的数值（下装型） 单位：cm

下装型		47	50	53	56	59
围度部位	腰围	47	50	53	56	59
	臀围	49	54	59	64	69

表3-10 身高135~160cm男童控制部位的数值（号） 单位：cm

号		135	140	145	150	155	160
长度部位	身高	135	140	145	150	155	160
	坐姿颈椎点高	49	51	53	55	57	59
	全臂长	44.5	46	47.5	49	50.5	52
	腰围高	83	86	89	92	95	98

表3-11 身高135~160cm男童控制部位的数值（上装型） 单位：cm

上装型		60	64	68	72	76	80
围度部位	胸围	60	64	68	72	76	80
	颈围	29.5	30.5	31.5	32.5	33.5	34.5
	总肩宽	34.5	35.8	37	38.2	39.4	40.6

表3-12 身高135~160cm男童控制部位的数值（下装型） 单位：cm

下装型		54	57	60	63	66	69
围度部位	腰围	54	57	60	63	66	69
	臀围	64	68.5	73	77.5	82	86.5

表3-13 身高135～155cm女童控制部位的数值（号）　　单位：cm

号		135	140	145	150	155
长度部位	身高	135	140	145	150	155
	坐姿颈椎点高	50	52	54	56	58
	全臂长	43	44.5	46	47.5	49
	腰围高	84	87	90	93	96

表3-14 身高135～155cm女童控制部位的数值（上装型）　　单位：cm

上装型		60	64	68	72	76
围度部位	胸围	60	64	68	72	76
	颈围	28	29	30	31	32
	总肩宽	33.8	35	36.2	37.4	38.6

表3-15 身高135～155cm女童控制部位的数值（下装型）　　单位：cm

下装型		52	55	58	61	64
围度部位	腰围	52	55	58	61	64
	臀围	66	70.5	75	79.5	84

二、我国成人服装号型标准GB/T 1335.1《服装号型 男子》、GB/T 1335.2《服装号型 女子》

（一）号型系列

身高（号）以5cm分档，胸围以4cm分档，腰围（型）以4cm、2cm分档，组成我国国家标准5·4号型系列和5·2号型系列，其中5·4号型系列应用最为广泛。

（二）人体体型分类

同样的身高，随着人体胖瘦的不同，各部位的围度尺寸也不相同。研究发现，人体的胖瘦可由胸围和腰围的差量显示出来。因此，我国国家标准依据人体胸围和腰围的差数，将人体的体型分为Y型（瘦体）、A型（标准体）、B型（偏胖体）、C型（胖体）四种类型。其中A体型是成人人群中比例最大的标准体型，而对于学生来说，体型普遍比成人瘦，在校服制作的时候可以选用Y体型的控制部位数值，更符合学生的实际人体尺寸。

（三）女性服装号型各系列控制部位数值（Y体型和A体型，表3-16、表3-17）

单位：cm

表3-16 $\frac{5 \cdot 4}{5 \cdot 2}$ Y号型系列控制部位数据表

部位	数值 Y							
身高	145	150	155	160	165	170	175	180
颈椎点高	124.0	128.0	132.0	136.0	140.0	144.0	148.0	152.0
坐姿颈椎点高	56.5	58.5	60.5	62.5	64.5	66.5	68.5	70.5
全臂长	46.0	47.5	49.0	50.5	52.0	53.5	55.0	56.5
腰围高	89.0	92.0	95.0	98.0	101.0	104.0	107.0	110.0
胸围	72	76	80	84	88	92	96	100
颈围	31.0	31.8	32.6	33.4	34.2	35.0	35.8	36.6
总肩宽	37.0	38.0	39.0	40.0	41.0	42.0	43.0	44.0

部位																
腰围	50	52	54	56	58	60	62	64	66	68	70	72	74	76	78	80
臀围	77.4	79.2	81.0	82.8	84.6	86.4	88.2	90.0	91.8	93.6	95.4	97.2	99.0	100.8	102.6	104.4

表3-17 A号型系列控制部位数据表

单位：cm

部位	A 数值							
身高	145	150	155	160	165	170	175	180
颈椎点高	124.0	128.0	132.0	136.0	140.0	144.0	148.0	152.0
坐姿颈椎点高	56.5	58.5	60.5	62.5	64.5	66.5	68.5	70.5
全臂长	46.0	47.5	49.0	50.5	52.0	53.5	55.0	56.5
腰围高	89.0	92.0	95.0	98.0	101.0	104.0	107.0	110.0
胸围	72	76	80	84	88	92	96	100
颈围	31.2	32.0	32.8	33.6	34.4	35.2	36.0	36.8
总肩宽	36.4	37.4	38.4	39.4	40.4	41.4	42.4	43.4
腰围	54 / 56 / 58	58 / 60 / 62	62 / 64 / 66	66 / 68 / 70	70 / 72 / 74	74 / 76 / 78	78 / 80 / 82	82 / 84 / 86
臀围	77.4 / 79.2 / 81.0	81.0 / 82.8 / 84.6	84.6 / 86.4 / 88.2	88.2 / 90.0 / 91.8	91.8 / 93.6 / 95.4	95.4 / 97.2 / 99.0	99.0 / 100.8 / 102.6	102.6 / 104.4 / 106.2

（四）男性服装号型各系列控制部位数值（Y体型和A体型，表3-18、表3-19）

表3-18 5·4 Y号型系列控制部位数据表
　　　　 5·2 Y号型系列控制部位数据表

单位：cm

部位	数值 Y																
身高	155		160		165		170		175		180		185		190		
颈椎点高	133.0		137.0		141.0		145.0		149.0		153.0		157.0		161.0		
坐姿颈椎点高	60.5		62.5		64.5		66.5		68.5		70.5		72.5		74.5		
全臂长	51.0		52.5		54.0		55.5		57.0		58.5		60.0		61.5		
腰围高	94.0		97.0		100.0		103.0		106.0		109.0		112.0		115.0		
胸围	76		80		84		88		92		96		100		104		
颈围	33.4		34.4		35.4		36.4		37.4		38.4		39.4		40.4		
总肩宽	40.4		41.6		42.8		44.0		45.2		46.4		47.6		48.8		
腰围	56	58	60	62	64	66	68	70	72	74	76	78	80	82	84	86	
	78.8	80.4	82.0	83.6	85.2	86.8	88.4	90.0	91.6	93.2	94.8	96.4	98.0	99.6	101.2	102.8	
臀围																	

单位: cm

表3-19 $\frac{5\cdot4}{5\cdot2}$ A号型系列控制部位数据表

部位	A 数值																												
身高	155		160		165		170		175		180		185		190														
颈椎点高	133.0		137.0		141.0		145.0		149.0		153.0		157.0		161.0														
坐姿颈椎点高	60.5		62.5		64.5		66.5		68.5		70.5		72.5		74.5														
全臂长	51.0		52.5		54.0		55.5		57.0		58.5		60.0		61.5														
腰围高	93.5		96.5		99.5		102.5		105.5		108.5		111.5		114.5														
胸围	72		76		80		84		88		92		96		100		104												
颈围	32.8		33.8		34.8		35.8		36.8		37.8		38.8		39.8		40.8												
总肩宽	38.8		40.0		41.2		42.4		43.6		44.8		46.0		47.2		48.4												
腰围	56	58	60	60	62	64	64	66	68	68	70	72	72	74	76	76	78	78	80	80	82	84	84	86	88	88	90	92
臀围	75.6	77.2	78.8	78.8	80.4	82.0	82.0	83.6	85.2	85.2	86.8	88.4	88.4	90.0	91.6	91.6	93.2	94.8	94.8	98.0	96.4	98.0	98.0	99.6	101.2	101.2	102.8	104.4

以上男、女成人服装号型标准与儿童号型标准合理衔接，其中GB/T 1335.1《服装号型 男子》覆盖了身高155~190cm的男性，GB/T 1335.2《服装号型 女子》覆盖了身高145~180cm的女性，基本能够满足绝大多数校服生产制作的需要。

三、其他国家、地区的学生人体参考尺寸

很多国家、地区或校服企业都有自己的儿童人体参考尺寸，经验总结了各自的童装尺寸表。

例如，日本登丽美服装学院制定的童装制作参考尺寸表（表3-20）比较适合初中以下的校服在打板时使用；我国的童装公司也根据……

表3-20　日本登丽美童装制作参考尺寸表（摘录）

单位: cm

序号	项目	1	2	3	4 女	4 男	5 女	5 男	6 女	6 男	7 女	7 男	8 女	8 男	9 女	9 男	10 女	10 男	11 女	11 男	12 女	12 男	13 女	13 男
	大概年龄（岁）																							
1	身高	50	60	70	80		90		100		110		120		130		140				150		160	
2	体重（kg）	3	6	9	11		13		16		19		23		30		29		33		34	35	48	51
3	颈根围	23	24	25	26		28		30		30		32		33		32		33		34	35	37	39
4	颈长	1	1.5	2	3		3.5		4		4.5		5		5				5.5		6		6.5	
5	颈围	33	42	48	50		54		60		56		60		64		68		30		32		33	
6	胸围	42	45	48	50		54		50		56		60		101		64		110		68		80	
7	腹围	40	42	45	47						35		31		38									
8	腰围		41		45		48		51		52		55		52		41		40		57	60	65	68
9	臀围	41	44	47	52		58		58		61		63		62		68		67		73	71	88	83
10	总肩宽	17	20	22	24		27		27		29		30		30		32		32		35		40	41
11	肩宽	6.1	6.8	7.5	8.2		8.5		8.9		9.6		10.3		11		11.7		12.4					
12	背长	16	18	20	22		24		26		28		30		30		32		32		34	34	37	42
13	躯干长	56	64	73	73		82		92		101		110		110		120		128		120		137	140
14	袖长	18	21	25	28		31		35		38		41		38		42		49		46		52	52
15	上臂围						16		17		18		19		20		20		23		21		25	25
16	腕围	14	15	16	16		17		17		18		19		12		13		14		14		15	16
17	掌围	10	11	11	11		11		12		12		13		17		18		20		19	20	21	22
18	大腿根围	11	12	13	14		15		16		16		17		37		40		40		43	41	51	48
19	小腿围	25	26	27	30		32		31		33		34		25		27		28		29	28	34	33
20	裆长	16	18	19	20		22		22		23		23		19		20		20		22	20	25	23
21	腰围高	13	14	15	16		17		58		64		66		73		80		78		87	85	100	98
22	膝高		39	45	52		59		50		56		64		71		31		34		37		42	43
23	脚长	9	11	13	15		16		16		17		18		19		19		20		22		24	25
24	头围	41	45	47	49		50		50		51		51		51		52		52		53		55	

第三节
青少年儿童服装的质量标准

2009年起，我国制定了校服标准规范：GB/T 22854—2009《针织学生服》、GB/T 23328—2009《机织学生服》、FZ/T 81003—2003《儿童服装 学生服》与GB/T 31888—2015《中小学生校服》。

以上"标准"对学生服的理化性能、外观、标识等内容、号型规格、原材料、技术指标、测试方法做了全面、具体的规定。部分省份研究制定了地区性的指导意见，如陕西省制定出台了《学生服安全技术规范》、广东省发布了《广东省教育厅关于广东省中小学生校服着装规范（试行）》。

以 GB/T 23328—2009《机织学生服》为例，主要在以下方面对校服质量做了明确的要求。

一、面辅料方面

（一）面辅料质量

"标准"要求校服面料、衬布、垫肩等应符合国家有关纺织面料标准，拉链及金属附件无残疵，外表光滑，无利边利角。

（二）面辅料配伍性

面辅料的配伍性包括颜色、色泽、尺寸变化率、缩率、质量性能的配伍等，要求辅料应该适合面料。

（三）装饰扣、装饰线

装饰扣与装饰线可另外挑选，不必配伍。

二、外观质量方面

在经纬纱向、条格面料的对条对

格、色差、工艺拼缝、外观疵点、缝制外观等方面做了规定。例如要求在经纬纱向上，"前身顺翘，不允许倒翘。领面、后身、袖子、前后裤片的允斜程度不大于3%，色织或印花、条格料不大于2%"。领子与大身的色差不低于4级，在领尖、前胸等部位不允许出现粗纱、色档、斑疵（油、锈、色斑）等。

缝制工艺对校服质量的影响非常大，在校服存在的质量问题中，线头多、缝份破绽、黏合衬不牢固造成的起泡等最为常见。国家标准在这方面的规定非常严格，要求明线、暗线的针距3cm不少于12针，包缝线的针距3cm不少于9针。"标准"规定："各部位缝制平服，线路顺直、整齐、牢固、针迹均匀，上下线松紧要适宜，起止针处与袋口应回针缉牢。""领子平服，不反翘，领子部位明线不允许有接线"，同时对缝份宽度、锁眼、钉扣、拉链、商标等均做了详细规定。

在规格尺寸上，"标准"规定了各重要部位允许的尺寸误差，例如，衣长的误差不超过±1cm、胸围误差不超过±2cm、短袖袖长误差不超过±0.8cm、装袖袖长误差不超过±1.2cm、连身袖袖长误差不超过±1.5cm等。

三、理化性能方面

理化性能包括水洗尺寸变化率、洗后外观、色牢度（耐洗色牢度、耐汗渍色牢度、耐摩擦色牢度、耐水色牢度、耐光色牢度）、起毛起球、纰裂、裤后裆缝接缝强力、回潮率、纤维成分和含量、基本安全性能（包括成品的甲醛含量、pH值、异味和可分解芳香胺染料等）等，"标准"均做出了具体的规定或明确了参照标准。

"标准"对检测规则和方法进行了规定，明确了各方面性能出现轻缺陷、重缺陷、严重缺陷的具体程度和处理方法，规定如果抽检质量不合格，不可出厂，应全部整修。

在2015年开始实施的GB/T 31888—2015《中小学生校服》中，又对甲醛含量、可分解致癌芳香胺染料、异味、附件锐利性、绳带、残留金属针等存在安全隐患的问题着重做了要求，还规定了在校服的每个包装单元中应附服装号型、配饰规格、纤维成分及含量、维护方法等信息的使用说明，其中，每件校服上应有包含以上内容的耐久性标签，并缝在侧缝处，不允许在衣领处缝制任何标签。

部分省市地区以指导性规范的形式对校服的质量和穿用进行了说明，如《广东省教育厅关于广东省中小学生校服着装规范（试行）》中，将校服分为礼服、常服和运动服，规定了每类校服的穿用场合、长短、廓型和搭配等（表3-21）。

表3-21　广东省中小学生校服着装规范中的部分内容　　单位：cm

季节	服装	性别	上装			下装	配饰	其他
春秋装	礼服	男	长袖衬衫	背心、马甲	纽扣外套	西裤	皮鞋、短袜	领饰、皮带
		女	长袖衬衫	背心、马甲	纽扣外套	西裤	皮鞋、长袜	
	常服	男	长袖衫		外套	裤装	平底鞋、短袜	
		女	长袖衫		外套	裤装、裙装	平底鞋、短袜	
	运动服	男	长袖T恤		外套	针织裤装	运动鞋、短袜	
		女	长袖T恤		外套	针织裤装	运动鞋、短袜	
夏装	礼服	男	短袖衬衫			西裤	领饰、皮鞋、袜子、皮带	
		女	短袖衬衫			裙装	领饰、皮鞋、袜子、皮带	
	常服	男	短袖衫			裤装	平底鞋、短袜	
		女	短袖衫			裤装、裙装	平底鞋、短袜	
	运动服	男	针织短袖衫			针织运动裤	运动鞋、短袜	遮阳帽
		女	针织短袖衫			针织运动裤	运动鞋、短袜	
冬装	礼服	男	长袖衬衫	毛衣	外套	西裤	领饰、皮鞋、袜子、皮带	
		女	长袖衬衫	毛衣	外套	裙装	领饰、皮鞋、袜子、皮带	加厚中长款外套
	常服	男	长袖衫	长袖毛衣、毛背心	加厚外套	裤装	平底鞋、袜子	
		女	长袖衫	长袖毛衣、毛背心	加厚外套	裤装、裙装	平底鞋、袜子	
	运动服	男	长袖T恤	针织外套		针织裤	运动鞋、袜子	
		女	长袖T恤	针织外套		针织裤	运动鞋、袜子	

第四节
校服的设计准则

校服是一种特殊的服装，受各方面的限制条件较多，设计时需要考虑的实际问题包括各年龄段青少年成长发育的身体特征、活动特征和心理特征，社会文化背景，时代背景，每个学校的校园文化，国家标准，生产成本等。总体来说，校服的设计和生产应当遵守以下准则。

一、安全性准则

校服是儿童和青少年几乎每天都要穿着的服装，这个年龄段的人群正在成长发育，心智尚未完全成熟，活动多，幅度大，服装的安全性尤为重要。安全性主要体现在面辅料和款式两个方面。

首先，校服面辅料的安全性。应严格遵守国家和行业标准，避免甲醛、苯酚、有害染料等超标，选用安全环保的辅料和配料，保证优秀的质量。

其次，校服款式的安全性。校服款式应整洁大方，便于穿脱，有较好的人体防护和运动功能。应保证适当的活动放松量，但放松量不能过大。一些时尚的款式，如露肩、破洞、超短、超长、过于肥大或紧身的服装，以及长筒靴、拖鞋和首饰等服饰，除了外观风格不适合青少年儿童外，还存在较大的安全问题。校服多年以来保持服装的基本廓型和款式，正是因为基本款服装的安全性有保证。如果对校服做创新设计，也应以安全为首要准则。

在学生上学和放学等外出的场合穿着的服装服饰上可以考虑增强安全性，如在外套和书包上增加反光警示条（图3-3），帽子和书包采用鲜艳醒目的颜色等。

二、舒适性准则

服装产品的舒适性对提高人的学

图3-3　增加反光警示条的校服外套

习、工作和生活效率至关重要。校服的舒适性可以分为以下三个方面。

（一）款式的舒适性

校服应适度宽松，保证学生的学习生活不因服装的过多约束而受到影响；立领、束腰、紧身款式、多层服装、复杂的搭配等都会造成不舒适，即使是礼服也不能强求外观新颖，过度设计。

（二）面料的舒适性

必须保证面料的轻量性、亲肤性、吸湿排汗性、透气性、保暖性等基本舒适性能。面料的舒适性与面料的种类有直接关系，例如，根据织造方法，面料可分为机织面料和针织面料。针织面料本身有弹性，柔软透气，比机织面料的舒适性好；而在原材料方面，棉、毛等天然面料，以及加入了氨纶、莱卡等弹性纤维的弹性面料的舒适性均优于纯化纤面料。面料的舒适性与织物组织、纱线粗细、纤维形态等也有直接关系，在选用面料的时候应根据具体情况充分考虑面料的舒适性能。

（三）色彩的舒适性

色彩对人的情绪有一定的影响，能使人产生舒适感、兴奋感、沉闷感和疲倦感等情绪。舒适的配色令人心情愉悦，刺激的色彩使人兴奋和疲倦。配色是校服设计的重点，也是难点，色彩的色相、明度、纯度，色块的面积、位置，色彩之间的组合搭配，不同面料呈现出的色彩光泽等，都需要反复权衡和实验，才能获得最优方案。每款校服色彩的数量和搭配关系、色块的面积等都要反复权衡，达到最佳效果。在设计时可以多进行尝试，在众多的备选方案中选择最适当的方案（图3-4）。

三、耐穿性准则

校服的耐穿性表现在面料与工艺的耐穿性、款式与色彩的耐穿性和校服的洗晒性能三个方面。

图3-4　校服色彩组合方案

（一）面料与工艺的耐穿性

校服是学生日常几乎每天都需要穿着的衣服，应选择具有较好的摩擦强度、撕裂强度、顶破强度等，摩擦和汗渍色牢度好，质地紧密结实的面料。在工艺上，首先，分割线设置的部位应避开人体运动的关键部位；其次，缝份的缝合应采用符合国家关于针距和缝型、缝合方法的规定。

（二）款式与色彩的耐穿性

过于时尚的款式和艳丽的颜色容易过时，或产生审美疲劳。因此，在校服中，基本款式最为常见，深蓝色、米色、灰色、白色、深绿色等颜色更容易达成视觉舒适，更加耐穿，易于搭配。

（三）洗晒性能

青少年儿童活动量大，校服容易脏污，必须经常洗换。校服应便于洗涤晾晒，具有较好的洗涤和晾晒色牢度。

四、经济性准则

校服反映学校文化，与学校的办学定位有直接关系。一些私立学校定位为贵族式教育，校服从选料到裁剪都非常讲究，而公立学校的校服则应该充分考虑不同收入水平家庭的经济能力，在保证质量的基础上，强调实用、大方。

校服的成本主要取决于以下两个方面。

（一）面辅料成本

面辅料档次差别非常大，高支的精梳棉布与纯化纤布的原料价格相差数倍。纯化纤面料舒适性能差，如果完全考虑成本，选用纯化纤面料，则校服将出现廉价低质的不良后果。在贴身穿着的T恤、衬衫等服装上用纯化纤面料，甚至可能引起儿童的健康问题。校服设计师必须在保证基本穿用性能的基础上，选用价格适当的面辅料。

（二）加工成本

不同的校服款式加工成本差别很大。例如礼服上衣和运动上衣，除去面料的差别外，由于礼服上衣的工序多，所以加工成本高于运动上衣。在设计公立学校的校服时，设计师常面临加工成本的限制，为了降低成本而设计较为简单的款式。如图3-5所示，每增加一个款式细节，校服的加工成本就会随之增加，而完全没有款式细节的校服又会给人留下呆板普通的印象。设计师应掌握好款式与成本之间的平衡关系。

五、校园文化适应性准则

首先，校服应符合社会审美观念，简洁美观，裁剪合体，体现学生健康积极的青春气息和求知求学的文化气息，培养学生端庄的仪态，促进美学教育（图3-6）。

其次，校服是校园文化的一部分，应该传达出学校的特色理念。不同学校的定位、办学理念、校园历史文化特色不同，校服的款式、色彩、设计方案等也应随之改变。因此，设计校服不是单一的工作，而应当建立在对学校的历史文化、整体办学理念、校园环境、校标校徽等深入研究和领会的基础上，通过提炼和转化而创造的视觉形象。

图3-5　加工成本与款式复杂程度成正比

图3-6　南京师范大学附中校服

第四章 校服的款式设计

　　款式设计的内容包括服装的廓型、服装与人体之间的空间设计（松量设计）、人体活动的舒适性、服装内部结构、部件设计、工艺方式、比例等。款式设计以点、线、面、体的形式决定了服装的几何外观和穿着舒适性。好的款式设计建立在对目标穿着者的深刻研究和特征凝练上，能够增添和突出穿着者独特而美好的气质。因此，研究穿着者各方面的特征，明确服装传达的意义和风格是设计师的首要工作。

　　青少年儿童与成人的体型尺寸、心理特征和社会期望都不一样，不能简单地以成人的设计准则去设计青少年儿童的服装。校服的主旨是强调集体意识、体现青少年儿童健康向上的精神风貌，因此除了儿童服装的一般设计准则外，更要注意把握校服释放出的精神情绪信息。同时，一套完整的校服方案往往包含着三种设计符号体系的服装——礼服、常服和运动服，这三类服装的款式设计方法有很大的差别，在设计的过程中必须对校服产品的属性和穿用目的有清晰的认识与把握。

第一节
校服的廓型与长度设计

服装的廓型和长度是进入人们视线的首要元素，决定了服装外观的体量特征，对服装的风格、观感和审美体验有重要影响。

一、廓型设计

廓型是指服装的外部线条组成的轮廓形态，常见的服装廓型有A型、H型、X型和V型（图4-1）。人们根据认知经验，对不同的廓型产生不同的观感（表4-1）。从人对线条的主观感受来看，直线是简洁、有力、稳定的，曲线是丰富、柔和、跃动的，由此引申到服装廓型与性别的对应关系上，男装或中性服装的轮廓线通常近于直线，而女装的轮廓线常表现为曲线（图4-2）。这与人体的形态也正好吻合：女性人体呈X型，男性人体呈V型，这两种廓型体现出较强烈的性别语意。

性别教育是学校教育中不可或缺的一部分，在校服设计上，既要体现男生和女生的差异，又要树立健康的性别意识，体现出男生的勇敢稳健和女生的

图4-1　四种常见服装廓型

表4-1 常见服装廓型的特点与风格分析

序号	廓型	特点	风格分析
1	A	上部合体,下摆敞开	有平衡感,活动性好,舒适、文雅
2	H	上部、中部、下摆围度差量较小	中庸、中性、正统,有秩序感
3	X	中部收紧,下摆敞开,侧面呈现明显的S形曲线	强调人体曲线,具有女性特征,活泼外向
4	V	上部较宽,中部、下摆贴合人体	力量感强,男性化

文雅大方。因此在校服设计中,运动服和外套等服装多采用H型;在礼仪校服中,男生校服廓型常见H型,女生校服的裙装常见A型和X型(图4-3)。

校服多采用上下装分开的两件式设计。一方面,两件式服装运动性能和各种生理舒适性能较好;另一方面,两件式的服装便于更换和搭配,实用性更佳。当然,连衣裙优美文雅,一些学校也选用款式简洁大方的连衣裙作为女生的礼仪校服(图4-4)。连衣裙的廓型多为小A型或X型。A廓型文雅、活泼而富有朝气,较适合幼儿园和小学等低龄女生,也适合高年级女生;X廓型则雅致柔美,更适合初中以上的高年级女生。到了大学阶段,还可以考虑将校服裙子设计成端庄正式的H型筒裙。

同时,不同年龄的常见廓型也应符合该年龄段学生的日常活动特征和能力水平。幼儿园和小学阶段的儿童性格活泼外向,喜欢玩耍,日常活动量和运动幅度都很大,A廓型腰身宽松,下摆大,适合低龄儿童;H廓型的下摆小,必须开衩,适合高中以上的女生穿着。

二、长度设计

长度设计是服装外观设计的重要因素,又与服装的活动性能有关。

首先,校服的长度不宜过长或过短,过短显得局促、不大方,过长显得累赘、不精干,也影响活动。一般来说,上衣长度应到臀围线附近,短裤、短裙一般规定为"长至手臂下垂时的指尖下面"。

其次,校服的衣摆、裤口、袖口、

图4-2 曲线廓型与直线廓型

图4-3 校服廓型

裙摆等应避开肘部、膝部等活动量最大的区域，避免这些关节与衣服过多摩擦。

长度设计还应考虑上下身或衣、袖、裙、袋之间比例的美观问题。比例在视觉中具有重要的意义，美的设计一定具有合理的比例。同时，服装是人的第二皮肤，是人体的延展，人体的比例可以通过服装强调、改善或美化。

比例的审美是感性的，因主体感受的不同而存在差异，但是仍然存在一些公认的美好比例关系。在进行校服设计的时候，应考虑使用这些比例法则，借助科学的方法达到审美效果的最大化。最著名的美的比例有黄金比例和白银比例。

所谓的黄金比例，是近似值为1：0.618的比例。黄金比例被运用到的层面相当广阔，包括数学、物理、建筑、美术甚至是音乐。这个比例是2000多年前古希腊数学家欧道克萨斯提出的，人们发现这个比例具有普遍的审美性。人体上有很多比例符合黄金比例（图4-5），人的肚脐是人体总长的黄金分割点（X1：Y1＝黄金比例），下肢与全身长的比例符合黄金比例（Y1：Y＝黄金比例），胸围线是下颌到臀围线的黄金分割点（X2：Y2＝黄金比例），人的膝盖是肚脐到脚跟的黄金分割点（X3：Y3＝黄金比例）。

类似黄金比例的视觉审美法则还有很多，如白银比例，白银比例是近似值为1：1.414的比例，相比黄金比例，白银比例更容易给人恬静的感觉。服装的形式美法则是服装设计师和研究者精心钻研获得的服装审美一般科学规律，是应当掌握的基本原则。

图4-4　连衣裙校服

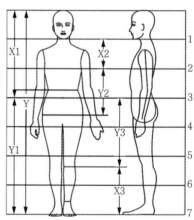

图4-5　人体中的黄金比例

第二节
校服的领型设计

领子是最贴近面部的服装部件，对脸部有重要的衬托作用，是服装重要的组成部分之一，被称为服装的"窗口"。衣领最富于变化。根据领子的结构，可将领子分为无领和有领两大类，有领又可以分为立领、翻领、扁领、翻驳领等（图4-6、图4-7）；同时，每一种领子的结构在形状、领面大小、领座高低、领线深浅、领角形状等细节要素上可进行各种设计，形成各种各样丰富的款式。

领子对应人体的头、颈、肩部，与这三者的比例有直接关系。儿童在幼儿时期，头大、颈短、肩小而圆，在随后的生长过程中，头部的比例变小，颈部变长，肩部变宽。同时，由于校服的制服属性，风格过于开放、个性和夸张的领子是不适宜的。所以在设计校服领型的时候，应格外注意穿着对象和服装种类的特殊性。

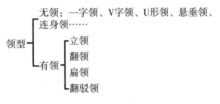

图4-6 领型的分类

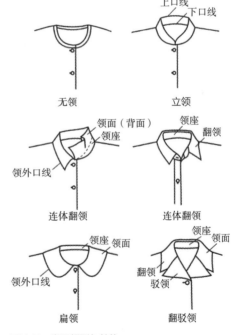

图4-7 常见领型与结构

一、无领

无领的领型便于活动，凉爽透气，在人们日常穿着的春夏季服装中经常出现。但在外观风格上，无领的服装较为休闲，不如有领结构正式庄重，因此在礼仪校服上较少选用；在穿着性能上，无领服装虽然穿着较为凉爽，但在户外活动时没有防风、遮挡和温度调节的功能，因此在运动校服上也不多见。一般来说，无领领型适合女生夏季连衣裙校服、夏季短袖运动校服、秋季毛衫等。

无领领型在领口的形状上可设计为圆形、V形、方形、一字形、心形、U形等（图4-8）。校服的领口一般为贴合人体颈部的圆形，不可过度开大领口。方形领口从形态上看有秩序感，较为严肃，在一些校服款式中有所使用。其余的无领，如一字领、深U形领口等都不适合在校服设计中使用。

二、立领

立领保守、严谨、庄重，非常适合在制服上使用。在气候适应性上，立领保暖性能好，而凉爽通气性差；在活动适应性上，立领的结构严谨，能规约人体，保持良好的颈背部直立姿态，但活动的舒适性差。因此，立领款式适合礼仪校服，在运动校服上，立领一般采用弹性极好的罗纹面料，既取立领的防风保暖效果，又提升了立领的活动性能。

立领的领角形状对其风格语义有很强的影响作用。方形领角阳刚有力，适合男生校服，圆形领角适合女生。一些学校的校服为中式长衫（旗袍），成为一种特色校服文化。但立领对于低龄女生来说则过于保守严肃，因此在幼儿园和小学的礼仪校服中非常少见（图4-9）。

图4-8　校服中的无领领型

图4-9　校服中的立领领型

三、翻领

翻领是衬衫的领型结构，属于中性领型，结构既端庄又活泼，适合所有年龄段的人群。从结构上区分，翻领可分为连体翻领和分体翻领。

连体翻领为领座、领面一片式裁剪，结构较宽松，适合做T恤和运动外套的领型；分体式翻领的领座和领面分为两部分裁剪，结构较严谨合体，正式程度更高，适合做礼仪衬衫的领型。

翻领的气候适应性和活动适应性与立领相同，较适合春、夏、秋季的礼仪校服。但翻领与立领相比，与人体的颈部距离较远，因此舒适性略好。在运动校服上，翻领也多采用罗纹面料，与Polo衫式的前开领口或拉链式前开领口搭配，保证其穿着的舒适性。

翻领的领角形态决定其气质偏向，是男生与女生衬衫款式的区分点。方形领角较为中性，男、女校服均适用；圆形领角柔和文雅，更能体现女生的柔美气质（图4-10）。

四、扁领

扁领领座非常小，领面相对较大，领子平伏在肩部，具有很好的装饰性。扁领的形态非常适合幼儿颈短、头大、肩圆的体型特征，活动性和舒适性都较好，是常见的童装领型，适合用于幼儿园和小学低年级校服。但是由于扁领的风格天真可爱，在高年级男生服装上是不适合选用的。

在扁领中，常见的圆角扁领、方角扁领和海军领都是常用的女生礼仪服装领型。海军领也是日本传统女生校服最典型的款式（图4-11）。

图4-10 校服中的翻领领型

图4-11 校服中的扁领领型

五、翻驳领

翻驳领又称为西服领，是形式感最强、正式等级最高的领型。翻驳领非常端庄成熟，虽然非常适合礼仪校服，但对于幼儿园、小学等低年级的学生来说，如果能在面料、颜色和领型细节上加以设计调节，可以调和这种领型过于严肃的气氛，更加适合儿童穿着。例

如将翻驳领的领角设计为小圆角，或在领子的边缘加上镶条、滚边等装饰（图4-12）。

综上所述，5种常见领型各具特点，舒适性、运动性、正式等级等均有一定差别，在设计不同种类校服的领型时应根据具体情况选用，并在细节上精心设计（表4-2）。

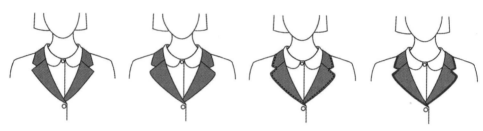

图4-12 校服中的翻驳领领型

表4-2 各种常见领型特点分析及其在校服上的使用

领型	特点	在校服上的使用
无领	凉快，舒适性好，正式等级略低	春夏季校服T恤、连衣裙、毛衫等
立领	保守、严谨、端庄，保暖性好，较正式	礼仪校服外套，中式校服，运动校服（针织或罗纹面料）
翻领	端庄有礼，保暖性、运动性较好，较正式	礼仪校服衬衫，运动校服外套（针织或罗纹面料）
扁领	天真文雅，运动性较好，有一定的装饰性	低年级女生校服衬衫、连衣裙等
翻驳领	端庄、稳重、成熟，正式级别最高	西服类校服外套、大衣等

第三节
校服的袖型设计

手臂是人体上身运动最频繁的部位，因此，袖子的款式设计是否合理，与校服的运动性能有直接关系。同时，袖子在很大程度上影响了校服的保暖性、透气性等温湿度调节功能。袖子的款式形态对校服的整体风格也有非常重要的影响。

一、袖长

按照袖子的长度，可以将袖子分为无袖、短袖、中袖、七分袖和长袖（图4-13）。其中短袖适合春夏季校服，长袖适合秋冬季校服。无袖是一种比较暴露开放的袖型，很多正式场合都禁止穿无袖服装，因此除了少数学校外（如新加坡的少数女校采用无袖连衣裙校服款式），极少在校服上出现。中袖和七分袖活动不便，也不宜在校服款式中采用。

图4-13 服装的袖长

二、袖子结构

按照袖子的结构，可以将袖了分为装袖和插肩袖两类（图4-14）。装袖是衣身与袖子结构分开、分割线处于肩关节附近的常见袖型。这种袖子具有立体感，服装的肩部造型干练清晰，符合校服的审美要求；同时内含适合肩部运动的服装结构设计，运动性能较好。礼仪校服如衬衫、西服外套、大衣等都是装袖结构。

插肩袖是打破衣身与袖子的常见界限，将分割线设置在衣身或袖子内部的袖子结构。插肩袖的肩角圆顺，袖了结构宽松自然，运动性和舒适性很好，非常适合在运动校服中使用（图4-15）。

三、袖口

按照袖口的状态，还可以分为敞开式袖口和束紧式袖口。由于束紧式袖口外观利落，防风保暖，因此在运动校服的设计中，多采用束紧式的结构。

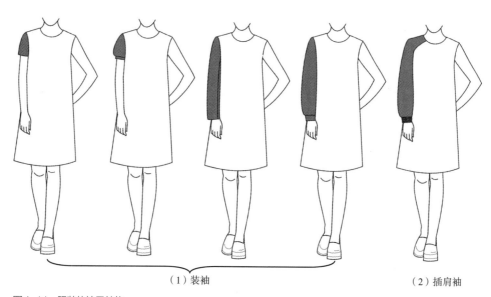

（1）装袖　　　　　　　　　　　　　（2）插肩袖

图4-14　服装的袖子结构

图4-15　插肩袖结构

第四节
校服的细节设计

服装的内部细节结构千变万化，设计手法非常丰富。但是由于校服以端庄大方、朴素实用为美，因此校服的廓型和内部结构应当清晰、简洁，不过分装饰。服装的基本结构和工艺要素有如下几种：省、分割线、褶裥等（图4-16），每一种设计要素都具有其使用方法、实用目的与外观风格，在设计校服时应恰当地运用。

一、省

省是将服装上多余的松量缝合起来的基本结构要素，常用来收腰和塑造合体的廓型。省结构一般用在初中以上的女生礼仪服装上，幼儿、低龄儿童和男生身体轮廓呈圆柱状，极少在校服上设置省结构。省结构在西服上衣、衬衫、连衣裙上常见（图4-17），定制的西裤、裙子等也在腰部收省。由于儿童个体差异大，而采用收省结构的裙子和裤子腰围调节性差，很容易出现不合体的情况，因此从更广泛的体型适应性和调节性角度考虑，校服裤子和裙子多采用橡筋收腰（图4-18）。

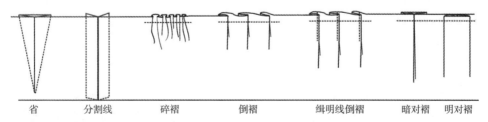

|省|分割线|碎褶|倒褶|缉明线倒褶|暗对褶|明对褶|

图4-16 服装的基本结构要素

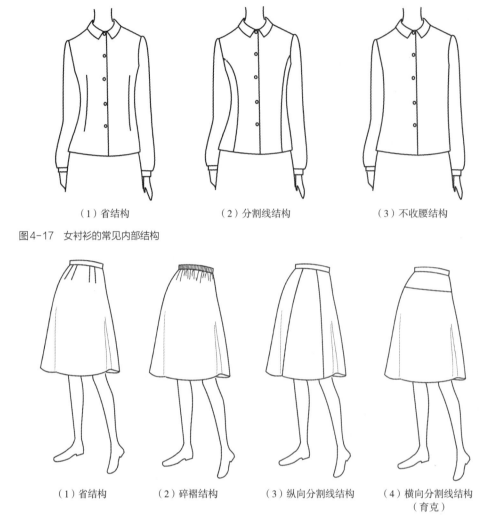

（1）省结构　　　　　　　（2）分割线结构　　　　　　（3）不收腰结构

图4-17　女衬衫的常见内部结构

（1）省结构　　　（2）碎褶结构　　　（3）纵向分割线结构　　　（4）横向分割线结构
（育克）

图4-18　裙子的常见内部结构

二、分割线

分割线是服装中最常见的一种结构，分割线结构使服装的款式变化更加丰富多样。

（一）按分割线位置划分

根据分割线的位置，可将其划分为边缘分割线和内部分割线。

边缘分割线，指基本衣片上必须缝合的轮廓线，如衣片的前后侧缝、前后肩线。

内部分割线，指基本衣片轮廓内的分割线，一般是设计者根据造型或装饰目的设置的。

（二）按分割线功能划分

根据分割线的功能，可将其划分为

装饰分割线和结构分割线。

装饰分割线不考虑衣片结构的人体适应性，只将衣片分割成两块或两块以上，目的就是装饰，或进行面料的拼接，或改变面料的布纹方向。最常见的装饰分割线如衬衫的肩育克和裙子、裤子的腰育克。分割线的装饰作用体现在：首先，分割线本身就是很好的装饰要素，可以在线条的形状、方向、曲度以及线条的组合上进行设计和变化；其次，分割线将服装结构分成几个独立部分，可以实现衣片之间面料、质感、光泽的搭配变化，使服装在视觉上更加丰富多彩（图4-19、图4-20）。

结构分割线则包含了塑造服装廓型的结构，使服装呈现立体的效果。有的分割线是为了符合人体的结构，如分隔衣身和袖子袖窿的分割线，对应躯干与手臂的不同运动部位，更好地满足人体的运动功能；另一些分割线是为了改变和塑造人体，如含有省功能的分割线，也可以收腰和塑造体型。与省结构一样，这种分割线一般用于高年级女生的礼仪校服。从工业生产的角度看，适当设置分割线还可以提高面料的利用率，减少成本。

图4-19　分割线的装饰作用

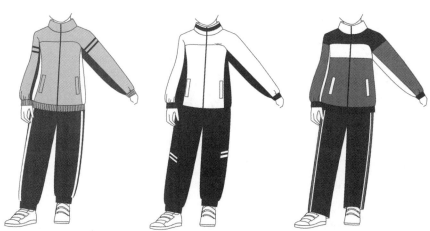

图4-20　分割线的色块拼接作用

三、褶裥

与省、分割线一样，褶裥也是服装上最常见的结构之一。褶裥结构轻松活泼、造型丰富、灵活多变。由于结构本身的特点，褶裥结构既可以勾勒出人体的曲线，又有一定的宽松量。与严谨的省结构和中性的分割线结构相比，褶裥显得比较活泼，适合用在女生的校服上，特别是在衬衫和裙子的设计中较为常见。

根据褶裥的打褶方式不同，又可将其分为碎褶、倒褶、对褶；其中对褶又可以分为明对褶和暗对褶。碎褶自由而活泼；倒褶和对褶具有秩序美，既工整又柔美，外观整洁大方，因此在校服设计中，倒褶和对褶更为常见，特别是在初中及以上年级的女生礼仪校服中常采用倒褶与对褶结构（图4-21）。

在褶裥的边缘缉缝明线也是一种常见的装饰手段，既可以固定褶裥的状态，又能增加褶裥的秩序感和装饰感。

四、口袋

口袋是兼具实用功能和装饰效果的常见服装部件。口袋的常见结构有插袋、挖袋和贴袋。

插袋是借助衣身前后片缝合处形成的口袋，常见的插袋如裤子的侧插袋。

挖袋是指在衣片上用开剪的方法形成的口袋，常用于大衣和运动服的口袋、西裤的后口袋等。

贴袋是在衣片上直接贴上布料，缝合成口袋的形式，贴袋工艺简单，装饰效果好，在校服衬衫、西服和外套上较为常见。

口袋除了结构不同之外，还可在大小、形状、倾斜角度、曲线弧度、转折形式、工艺缝合方式、明线装饰、配件装饰等方面进行设计，形式变化多样丰富（图4-22）。

运动校服和其他日常校服的贴袋、挖袋形式较为自由，可以在口袋的形状

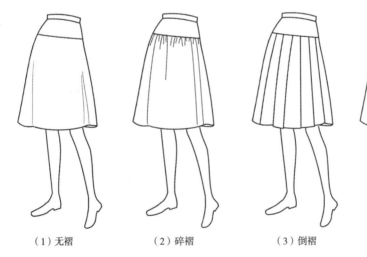

（1）无褶　　　（2）碎褶　　　（3）倒褶　　　（4）对褶

图4-21　裙子的褶裥结构

和工艺形式上进行各种功能、外观设计，例如袋口缝合拉链、加装袋盖的挖袋，可以使口袋里的东西不易脱落；袋口倾斜的贴袋设计可以使手更方便地放到口袋里，符合人体工学原理。另外，口袋的圆弧角和方形角也各有风格，可以使校服的外观更富有特色和个性（图4-23）。

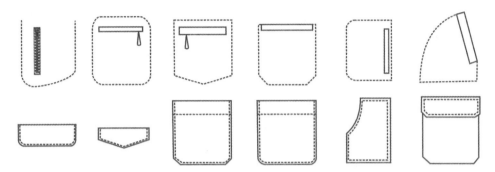

图4-22　各种口袋形状

图4-23　运动服和运动裤的各种口袋形式

礼仪校服的上衣口袋多见贴袋和挖袋，下装为裤子侧缝处的插袋（图4-24）。礼仪校服的口袋应平直端正，形态规整。在礼仪校服的设计和穿用中，为了保证外观的整洁，口袋多为装饰功能，一般不允许学生把手放在口袋里或装东西；因此有些校服的挖袋做成假口袋，或取消裤子的插袋，从外观来看没有大的影响，还能节约一定的生产成本，是可以接受的简化设计。

图4-24　西裤的各种口袋形式

第五章

校服的色彩与图案设计

色彩是服装设计的第一要素，决定着服装的情绪、风格和气质基调。不同色彩在映入人们的眼帘时，必然导致人产生某种带有情感的心理活动，儿童也不例外，因此，服装色彩对穿着者和旁观者的心情、状态、生活和工作效率有着重要的影响。校服是以功能性和普遍适应性为主要特征的实用类服装，受穿用目的和生产成本的限制，普遍讲求简洁朴素，不适宜做复杂繁多的款式设计。因此，与款式相比，色彩方面的设计空间更大。美观、时尚、独特而又符合青少年儿童审美特征的色彩设计方案可使普通款式的校服焕发出不凡的魅力。同时，一个成功的校服色彩设计方案还能有效传达学校的文化，成为学校整体文化形象的有机组成部分。

第一节
校服的色彩选用原则

与其他产品或平面设计色彩不同，服装色彩有自己的特殊性，在服装色彩设计中应注意以下几点原则：

第一，服装色彩的设计必须考虑色彩与人的关系，好的服装色彩可以修饰身材，衬托肤色，使人的外貌更加美丽，或赋予人们不同的气质和魅力。

第二，服装是长时间穿用的日用产品，服装色彩长时间作用于人的眼睛，关系到人的视觉健康，不宜有明显的刺激性。因此服装色彩相对来说较为柔和，特别是在人群密度较大的城市中，服装色彩更偏向低调温和。

第三，在服装成衣上呈现的色彩效果受纺织品的材料性质和组织结构影响，同样的颜色出现在机织面料和针织面料上，或在棉面料和毛面料上，其色彩效果将出现一定差异，因此服装色彩的设计必须考虑面料的材质特性。

第四，服装色彩具有时尚流行性，

虽然校服受短期时尚的影响不大，但整个社会审美潮流随着时代的进步而发生着改变，校服的色彩设计如果脱离了社会时尚的大背景，将不会得到学校和社会的好评。

第五，校服是学校整体视觉环境的重要组成部分，校服的色彩应与学校的校园、建筑、课室和装饰等有机结合，共同打造和谐悦目的校园环境。

第六，色彩是文化的载体。校服色彩是在学生每日穿着的服装上表达学校、地区或国家文化的最佳媒介，在国家民族文化教育中可以发挥重要的作用，应重视和充分利用。

第七，还应考虑服装色彩的实用层面，包括色彩的耐脏、耐洗、耐日晒和耐摩擦等物理性能，以及过于鲜艳、深重的颜色的穿着安全性能等。

色彩的基本属性包括色相、明度、纯度。在色相上，常见的校服主题色有蓝色、绿色、红色、橙色、灰色、黄色、褐色、白色、黑色、紫色等。一些国家或少数民族文化发达的地区喜爱高纯度和高明度的纯色校服，或具有区域或民族文化色彩的校服（图5-1~图5-3）。例如在非洲、东南亚等国家和地区，高纯度的绿色、红色、蓝色等颜色在校服中并不少见。一般来说，这些地区人民的肤色较深，非常适合穿着鲜艳跳跃的颜色。

然而在大多数发达国家和地区，现代服装的色彩普遍色调偏冷，或喜爱采

图5-1 埃塞俄比亚校服

图5-2 卢旺达西南部校服［亚当·琼斯（Adam Jones）博士拍摄］

图5-3　加纳校服

用无彩色，色彩纯度偏低。在英国、澳大利亚、日本、韩国等国家和地区，常见的校服颜色是深蓝色、深棕色、米色、灰色等明度和纯度较低的颜色（图5-4、图5-5）。

考虑到低年龄与高年龄学生身心特点的差异，在校服色彩设计中，随着学生年级的升高，也应呈现出校服色彩由暖色变冷色，明度和纯度由高变低的规律。当然，到了高中或大学时期，校服色彩的纯度基本也只降至中等调性，而很少使用非常暗沉的低明度色彩。

图5-4　英国校服

图5-5　日本校服

第二节
校服的主题色选用

主题色是服装上出现的主要颜色。一般来说，在一套服装中主题色不超过3种，且应注意主题色的色调搭配和谐，面积比例要有主有次，有轻重、形状、布局的合理变化。

一、红色

红色属于暖色，是强有力的色彩，具有视觉刺激性，感知度高，穿透力强，使人兴奋，最容易引起人的注意。红色热烈、积极、富有活力，是欧美、非洲等国家和地区喜欢的校服颜色。红色尤其适用于幼儿园和小学学生毛衫、防风衣、西服上衣、裙子等（图5-6、图5-7）。

红色是中华民族最喜爱的颜色，也是中国的象征色。在我国，红色属于喜庆和情绪强烈的颜色，在校服中使用得较少，而且红色在运动服中出现的频率

图5-6　澳大利亚中学生校服

图5-7　日本中学生校服

高于礼仪校服。在运动服中，红色常与白色或黑色等无彩色搭配，以平衡红色过于强烈抢眼的特性。如果将红色作为主题色，则应降低红色的饱和度。红色也非常适合作为校服的提亮色，当主题色为无彩色或暗沉色时，适当的小面积红色块能有效改善校服沉闷的气氛（图5-8）。

二、橙色与黄色

橙色在可见光谱中的波长仅次于红色，因此它也具有长波长的特征：使脉搏加速，并有温度升高的感受。与象征兴奋、喜庆的红色相比，橙色的色彩语言有青春、温暖、积极、辉煌、阳光的意味，较适合在校服上使用，但由于橙色容易激发人的兴奋和浮躁情绪，所以橙色不适合在礼仪服装和日常室内穿着

的校服上大面积使用，而多以小色块的形式作为主题色的衬托色和整体色彩中的提亮色。橙色活泼、跳跃的色彩性格更适合运动服。

黄色是有彩色色相中明度最高的色彩，在高明度下能够保持很强的纯度，具有轻快、光辉、活泼、希望、健康等印象。黄色明度高，较为轻飘，适合春夏季校服，并且一般用于上装（图5-9）。由于黄色在光线较暗的时候容易看见，因此也是上学和放学途中穿戴的帽子、马甲、外套或服装警示带常用的颜色。

三、米色与棕色

米色和棕色色彩个性不太强烈，具有很强的亲和性，比较容易与其他色彩配合，特别是与鲜艳色相配，效果更

图5-8　红色在校服中的运用

佳。米色系和棕色系柔和文雅，在礼仪校服中更为常见。无论是礼仪西服、衬衫、毛衫还是外套，都可以使用米色系和棕色系颜色（图5-10、图5-11）。

图5-9　橙色和黄色在校服中的运用

图5-10　米色和棕色毛衫

图5-11 米色和棕色校服套装

四、绿色

绿色是大自然的颜色，它清新宁静、生机盎然，具有极强的融合力和亲和力，是生命和自然的象征。绿色是性别上的中性色，无论男生、女生都适合穿着绿色的服装；同时绿色的色彩友好度高，与其他颜色容易搭配，因此在我国的运动校服中，绿色是最常见的主题色。但是绿色运动服容易显得普通平庸，失去识别度。因此在使用绿色作为主题色时，应从两个方面避免这一问题：

首先，在绿色的色调设计上，挑选较为时尚个性的绿色色调；

其次，在配色方案上，选取与绿色搭配和谐的色彩，设计出和谐而有个性的色彩方案（图5-12~图5-14）。

图5-12 缅甸小学绿色校服

图5-13 广东省佛山市禅城区培立实验小学绿色校服

图5-14 绿色在校服上的运用

五、蓝色

蓝色的光波短于绿色，它在视网膜上成像的位置最浅，因此，蓝色令人平和、安定和舒适。蓝色系中的浅蓝色、天蓝色明度高，适合制作春夏季运动服和女生裙装校服；而深蓝色象征和善、深远、诚实、冷静，最适合制作秋冬季礼仪制服（图5-15、图5-16）。

非常深的蓝色接近于黑色，而比黑色自然，与黑色相比更适合作为校服用色，因此在校服的礼仪类服装中，深蓝色比黑色更常见，其色相可看作无彩色。

六、紫色

紫色是由红色和蓝色调和而成的颜色，这两种冷暖度差异巨大的颜色使其显得复杂、矛盾，处于冷暖感觉不确定的状态，加上其明度较低，因此紫色具有神秘感和不确定感。从色彩的寓意上看，紫色象征优雅、高贵、古典、浪漫，蕴含神秘与梦幻的意味。同时，紫色也很难与其他颜色搭配和谐，一般常用黑、白色与之搭配。在使用紫色做校服设计的时候，应当认识到这个色彩的特殊性和设计难度。

在校服中，适合使用紫色的单品有衬衫、毛衫、裙子等，而且紫色的色调不宜过于暗沉或过于轻浅，避免脏、土、粉等色彩弊病（图5-17、图5-18）。

七、无彩色

黑色、白色等无彩色与前文所述接近无彩色的深蓝色具有独特表现力和视觉魅力，无彩色系简洁、清晰、有力、理性，富有内涵，它们与有彩色的搭配可以对明度和纯度很高的色彩起到调和、平衡和稳定的作用，是校服设计中最常见的色系（图5-19～图5-21）。

图5-15 英国小学的蓝色校服

图5-16 蓝色在校服上的运用

图5-17　科威特英国学校（the British School of Kuwait）的紫色校服

图5-19　马来西亚中学的白色衬衫与深蓝色背带裙校服

图5-20　中国华南师范大学附属中学的校服

图5-18　紫色在校服上的运用

图5-21　无彩色在校服中的运用

第三节
校服的色彩搭配

总体来说，校服的色彩丰富度应高于日常装。一方面，青少年儿童是风华正茂的青春时期，朝气蓬勃，应焕发出光彩；另一方面，学校也需要通过和谐丰富的色彩呈现出校园文化的特色和教育的积极引导。因此在一套校服中，往往采用多种颜色进行搭配，使校服整体外观视觉丰富美观。

多个色彩之间必须搭配和谐，首先，在一套服装中色彩不可太多，一般不可超过3种，否则很难搭配协调，而且容易出现色彩花哨的负面效果。其次，不同的色彩在明度、纯度和色相上应调度得当，使明度平衡、纯度协调、色性互补，整体色彩有主次、有轻重、有层次，既有普遍意义的和谐美，又能体现校园文化的青春美。

色彩的明度、纯度和色相之间不是彼此独立的，而是归属于同一色彩的属性，互相之间必然有一定的关联，例如

颜色的纯度越低，越失去本身的色温，而接近白色、黑色所属的中性色。特别是现代服装的颜色，极少用纯度高的色彩，往往都是复合色，色彩的属性更加复杂，这大幅提高了色彩分析和设计搭配的难度。

值得注意的是，校服的色彩设计不仅是单件校服的色彩设计，而更应当着眼于整套服装。一件上衣、裙子、裤子或外套可以是单色的，但在整套搭配穿着时，在上衣与裙子的色彩、衬衫与外套的色彩、服装与领结的色彩之间构成恰当的色彩搭配关系，这样的校服方案更加成熟，整体的设计感更强。

一、校服色彩的明度搭配

校服色彩的明度搭配是指设计一套校服的明暗对比变化关系，使其色彩结构实现在明度上的平衡。整体色彩都

很明亮，容易显得轻飘、刺眼；整体色彩都很深沉，容易显得沉闷、压抑。如果主色调是亮色，则次要的配色应为暗色；亮色的面积越大，暗色的明度就要越低。同样，如果主色调是暗色，则次要的配色应为亮色（图5-22）。

二、校服色彩的纯度搭配

根据色彩构成的纯度，可以将校服的整体色彩分为以下几种基调（图5-23）：

以高纯度为主色调构成的高纯度基调，称为鲜调，有积极、强烈、冲动、快乐、活泼的性格意味。

以中纯度为主色调构成的中纯度基调，称为中调，有稳定、文雅、可靠、中庸的性格意味。

以低纯度为主色调构成的低纯度基调，称为灰调，有平淡、自然、简朴、稳健的性格意味。

三、校服的色彩基调

色彩基调主要是指色彩结构在色相及纯度上呈现出来的冷暖印象，可分为冷色、暖色和中性色。冷色、暖色和中性色是依据心理错觉对色彩的物理性分类，是视觉色彩引起人们对冷暖感觉的心理联想。一般来说，暖色积极活泼，令人兴奋；冷色疏远文雅，使人沉静；中性色中庸朴素，理性而克制（图5-24）。

图5-22　校服色彩的明度搭配

（1）高纯度基调　　　　　　（2）中纯度基调　　　　　　（3）低纯度基调

图5-23　校服色彩的纯度搭配

图5-24　校服色彩的冷暖色调

四、校服的色彩情绪感觉

（一）色彩的华丽、质朴感

1. 色相与华丽、质朴感的关系

红、黄等暖色和鲜艳而明亮的色彩具有华丽感。青、蓝等冷色和混浊而灰暗的色彩具有朴素感。有彩色系具有华丽感，无彩色系具有朴素感（图5-25）。

图5-25 校服色彩的质朴感与华丽感

2. 纯度、明度与华丽、质朴感的关系

明度高、纯度高的色彩，丰富、强对比色彩感觉华丽、辉煌。明度低、纯度低的色彩，单纯、弱对比的色彩感觉质朴、古雅。但无论何种色彩，如果带上光泽，都能获得华丽的效果。

3. 色彩组合与华丽、质朴感的关系

色相对比强的配色具有华丽感，其中以补色组合为最华丽。

（二）色彩的活泼、庄重感

1. 活泼感色彩

暖色、高纯度色、丰富多彩色、强对比色感觉跳跃、活泼而充满朝气。

2. 庄重感色彩

冷色、低纯度色、低明度色感觉庄重、严肃、稳重、大方，属于成熟色。

（三）色彩的舒适、疲劳感

1. 色相及组合与色彩的舒适、疲劳感

红色的刺激性最大，容易使人兴奋，也容易使人疲劳。凡是视觉刺激强烈的色彩或色彩组合都容易使人疲劳，反之则容易令人舒适。绿色是视觉中最为舒适的色彩，因为它能吸收对眼睛刺激性强的紫外线。

2. 纯度和明度与色彩的舒适、疲劳感

一般来讲，纯度过高，色相过多，明度反差过大的对比色相容易使人疲劳。但是过分暧昧的配色，由于难以分辨，视觉困难，也容易使人产生疲劳。

另外，色彩还有积极、消极感等色

彩情绪。例如，歌德认为一切色彩都位于黄色和蓝色之间，他把黄、橙、红色划为积极主动的色彩，把青、蓝、蓝紫色划为消极被动的色彩，绿与紫色划为中性色彩。积极主动的色彩具有生命力和进取性，消极被动的色彩表现平安、温柔、向往。

五、校服的常见色彩弊病

校服的色彩决定了校服设计的成败，许多被批评的校服都是在色彩使用和搭配上出现了问题。常见的校服色彩弊病有：

（一）色彩太鲜艳、饱和度过高

服装色彩与其他平面色彩不同，平面设计、室内设计、产品设计等作品为了吸引人们的注意力，可以使用非常鲜艳和刺激性的配色，而服装配色必须以人为核心，刺激性的色彩表达在日常生活中非常少见，在校服设计里更应作为禁忌。校服设计的色彩宁简勿繁，宁素勿华。主题色为亮色和纯度较高的色彩时，尤其应注重整体色彩饱和度的等级差别，强化饱和度对比的概念。

（二）无明度变化或冷暖关系不对，色彩倾向不明确、杂乱无章

配色时要注重服装色彩各部分之间的联系，有主有次，注重次要色对主色调的烘托、平衡，而不是抢色。特别是运动校服的色块，不要过于零碎，大色块的对比应注意平衡关系。

第四节
校服的图案设计

大部分校服是在纯色的基础上，采用色块分割的方法搭配和调和颜色。与纯色面料相比，图案面料的视觉丰富度、装饰性和华丽感更好。在校服裙子、毛衫、西服上衣、衬衫等单品上，使用主题恰当的图案面料，将使校服的整体效果更有活力，设计感更强。

服装的图案素材非常丰富，动植物、建筑、文字符号、中外传统纹样、抽象图案等素材来源广泛。但是如果将这些图案应用在学生每天穿着的校服上，则往往由于过于具象，容易产生审美疲劳，反而成为限制想象力的不利因素。同时，线条弧度过大、结构过于复杂的图案使服装花哨华丽，与校服设计的主旨原则相悖。

校服的常见图案主要是几何图案，特别是直条纹图案和格子图案。这两类图案线条平直，排列规则，具有秩序感；同时通过线条的颜色或格子的色块，形成有规律的颜色变化，富有动态美感。当然，有的条纹和格子图案配色反差大，色彩跳动剧烈，视觉冲击强烈，不适用于校服设计，因此在设计校服的条纹和格子图案时，应当掌握好色彩的搭配组合关系，使条格图案色彩和谐优雅，既活泼又不张扬。

一、条纹图案

条纹图案具有方向性、秩序性和循环重复等特性。按照线条的形状，可分为直条纹、曲线条纹和折线条纹；按照线条的方向，可分为竖条纹、横条纹和斜条纹。其中，直条纹最具有秩序感，符合学校对学生端正方直的普遍教育理念；而在方向上，竖条纹与人体走向一致，顺直流畅；横条纹较为反叛个性；斜条纹容易使人体产生不对称和倾斜的感觉，因此竖条纹更适合校服图案。

竖直条纹图案可分为细条纹和粗条纹。细条纹间距小，排列紧密，从远处看条纹的组成色容易形成混合色。由于条纹的间距小，每一种颜色的面积也不大，因此色彩的对比度不高，容易形成较为柔和的配色关系。

粗条纹间距大，排列疏散，如果配色得当，会显得大方而具有生趣。如果条纹的线条粗、间距大，颜色的对比关系就会增强，配色的撞色效果会更加明显。澳大利亚等国家的西服上衣上常采用粗条纹图案。校服独特的条纹配色更容易彰显学校的个性特点（图5-26）。

二、格子图案

格子图案在服装上的应用最早可追溯到公元5世纪的苏格兰。按照格子的排列组合情况，可分为苏格兰格纹、小方格纹、大格纹、菱形格纹、千鸟格纹、威尔士亲王格纹、棋格纹等。

（一）苏格兰格纹

苏格兰格纹由两个以上的颜色组成，线条的颜色、粗细、排列规律、色彩结合处的颜色变化等使整个图案丰富多变，又很容易达成视觉上的和谐效果。英式校服常采用苏格兰格纹制作女生的礼服裙子，在深蓝色、灰色等端庄素雅的西服上衣下，搭配鲜艳活泼的褶裙，成为女生礼服最常见的搭配方式。苏格兰格纹适合中厚棉、毛面料，特别是毛呢、法兰绒等面料，会使其颜色更

图5-26　竖条纹在校服西服上衣中的运用

加柔和而饱满（图5-27、图5-28）。

（二）小方格纹

小方格纹清新可爱，活泼雅致，适合用春夏季的薄棉布，做成衬衫、短裙或连衣裙（图5-29、图5-30）。

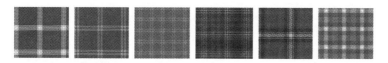

图5-27　苏格兰格纹

图5-28　女生礼仪校服中的苏格兰格纹褶裙

图5-29　小方格纹

图5-30　小方格纹在女生校服裙中的运用

（三）大格纹

大格纹潇洒大气，时尚美观，具有较强的视觉效果，能给人留下深刻的印象。英国、日本等许多国家和地区喜欢在校服外套上采用大格纹图案，别具特色。一般来说，大格纹西服的主体颜色为深蓝色、深灰色、深绿色或浅灰色等比较端庄肃穆的颜色，格纹的加入能有效地调节素色西服的朴素气质，使之更

华丽外向，符合年轻人热情勇敢、奔放自如的性格特质（图5-31）。

（四）菱形格纹

菱形格纹的线条是斜向的，但形成的图案端正，排列整齐，具有特殊的秩序美感。菱形格的特别形状与毛织服装的肌理相似，风格大气，常用在校服的毛背心和毛衫的前身上（图5-32）。

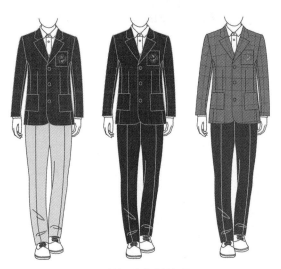

图5-31　大格纹在男生校服套装中的运用

图5-32　菱形格纹在校服毛衫中的运用

第六章

校服的面辅料选用

当面辅料的成分、密度和组织结构不相同的时候，其外观、性能和风格也各不相同。在设计校服时，必须了解校服的穿用目的和外观、性能要求，再根据每种面料的特性正确选用恰当的面料。例如礼仪服装的主要要求是外观整洁得体，平整光洁、线条清晰、裁剪合体有型，应选用质地紧密、布面光洁的机织面料；而运动校服的主要要求是满足运动时人体大幅度的舒展变化，所以要求面料柔软舒适、富于弹性、宽松耐穿，应选用质地柔软、本身就具有一定弹性的针织面料。

第一节
校服面辅料的选用原则

总体来说，校服面辅料的选用应遵循以下原则。

一、舒适原则

校服首先应具备气候适应性，保护人体免受外界伤害，使人体感到舒适，而只有当纺织面料具有卫生、触感和运动的舒适性时，服装才能具有舒适性。面辅料的舒适原则体现在两个方面：一方面是触感舒适；另一方面是穿用舒适。面辅料的舒适性与原材料的性能、面辅料的组织结构和加工工艺都有很大关系。例如在原材料上，棉、毛、丝、麻等天然纤维，竹纤维、牛奶纤维等新型纤维的舒适性均较好；在组织结构上，针织结构比机织结构的弹性好，因此舒适性优于机织面料；在加工工艺上，纱线的捻度、组织结构的紧密程度、染整的方式等对面辅料的舒适性也

有影响，如纱线的捻度越高，面料触感越硬挺干爽。

儿童的皮肤比较娇嫩，由于运动量大，出汗较多，而且身体对外界的抵抗力和适应力较低，因此儿童服装的面辅料选用标准远高于成人服装。特别是幼儿园时期的校服，更应该在设计中使用高性能的面料。

二、耐穿原则

校服还应该贯彻耐穿原则，包括耐摩擦、耐撕扯、耐洗涤、耐日晒等性能，保证校服具有一定的穿着寿命。在这个方面，混纺面料的耐穿性能较好；而在纺织面料的组织结构上，机织面料的耐穿性优于针织面料；在机织结构中，平纹、斜纹的强度又好于缎纹面料；同时，面料的组织密度越大，强度、耐磨性等指标越好。

三、成本原则

学校的定位不同，选用校服的档次也不相同。私立学校选用校服时将外观和质量作为第一考虑要素，而大多数公立学校校服面向的家庭经济条件各不相同，必须保证校服合理的成本和销售价格，使校服适应绝大多数家庭的消费能力。

以上三个原则存在着彼此冲突的问题：高性能的天然纤维面料价格必定昂贵，而如果片面追求低价，又往往会出现穿用性能上的不足。

以在校服中最常见的棉布为例。校服中常见的棉布大致可分为三种档次：

第一种是普通纯棉布，穿着柔软舒适，吸湿吸汗性能好，容易洗涤，但同时也存在容易起皱、不耐摩擦、不挺括等问题。普通纯棉布物美价廉，应用非常广泛，一般的校服方案都会在贴身穿着的衣物上使用纯棉面料。

第二种是精梳棉布，采用精梳工艺，去掉棉纤维中的短纤维，留下较长而整齐的长纤维，用这样的工艺织造的棉布更加光滑平整，柔软坚实，不易起皱变形，但价格也较高，适合较高档次的校服。

第三种是涤纶或涤纶混纺布，又叫的确良布，价格比普通棉布低廉，虽然吸湿、吸汗、透气等卫生性能有所降低，但面料挺括、不易起皱，易洗快干，强度也好于纯棉面料。

在校服方案中，应充分考虑面料的卫生性能、运动性能、外观性能与价格之间的平衡关系，科学合理地搭配各种校服款式的面料。例如，一般的校服方案会在穿着频率高、贴身穿着的T恤或衬衫上采用纯棉或精梳棉布，而在穿着频率不高、外套类服装上用混纺布，这样既保证了一定的卫生性和舒适性，又适当降低了校服的成本。

第二节
校服的常见纺织材料

纺织品种类繁多，呈现出不同的织物紧密程度、外观光泽，具有不同的重量与纺织性能。这些特性与纺织材料的纤维、纱线、织法、密度、后整理技术等均直接相关。

一、纺织材料分类

按照来源不同，纺织材料可被分为天然纤维和化学纤维两大类。

天然纤维是在自然界原有的或经人工培植的植物上、人工饲养的动物上直接取得的纺织纤维，常用的有棉、毛、丝、麻四大类纺织纤维。天然纤维具有长度、细度不均一，吸湿性、抗熔性较好，强力、伸长能力小，抗静电性能好等特点，总体来说，穿着的舒适性优于合成纤维，因此尽管20世纪中叶以来合成纤维产量迅速增长，但是天然纤维在纺织纤维年总产量中仍约占50%。

化学纤维是用天然高分子化合物或人工合成的高分子化合物为原料，经化学纺丝而制成的具有纺织性能的纤维，可分为人造纤维、合成纤维、无机纤维。主要的化学纤维有涤纶、锦纶、腈纶、氨纶等合成纤维和黏胶纤维、大豆纤维等人造纤维。

常见的纺织纤维如下：

（一）棉

棉纤维透气性、吸湿性等服用性能好，柔软亲肤，耐洗、耐虫蛀、耐酸耐碱，染色性能好；缺点是易起皱、易缩水。

（二）羊毛

羊毛纤维吸湿性、弹性、服用性能均好；缺点是不耐虫蛀，有缩绒性。

（三）蚕丝

蚕丝吸湿性、透气性、光泽和服用性能好；缺点是产量低，触感凉，不易洗涤，久置容易变色。

（四）黏胶纤维

黏胶纤维吸湿性、透气性好，颜色鲜艳，原料来源广、成本低，性质接近天然纤维；缺点是质量重，弹性差，容易起皱，恢复性能差，不耐水洗。

（五）涤纶

涤纶即聚酯纤维。涤纶织物挺爽，耐磨性好，具有较高的强度与弹性恢复能力，坚牢耐用，抗皱免烫，易洗快干；缺点是含水率低，透气性差，染色性差，容易起球起毛，易沾污。

（六）锦纶

锦纶即聚酰胺纤维，又叫尼龙。锦纶强度高，耐磨性特别好，重量轻，弹性好，染色性能好；缺点是透气性差，耐热、耐光性差，易变形。

（七）腈纶

腈纶即聚丙烯腈纤维。腈纶的性能接近羊毛，蓬松性好，有皮毛感，弹性和保暖性比羊毛好；缺点是吸湿性差，容易沾污，穿着时容易有闷气感。

（八）氨纶

氨纶即聚氨基甲酸酯纤维。氨纶是弹性纤维，弹性优异，高伸长、高弹性，但不着色，强力最低。其中美国杜邦公司生产的氨纶产品叫作莱卡（Lycra），在市场上广泛使用。

从以上各类纤维的性能可以看出，每种纤维都有优缺点，因此出现了将天然纤维和化学纤维混合纺纱制成的混纺面料。如使用最为广泛的涤棉混纺织物，既突出了涤纶的优点，又保留了棉织物优良的穿用性能，在干、湿情况下弹性和耐磨性都较好，尺寸稳定，缩水率小，具有挺括、不易皱折、易洗、快干的特点。常见的混纺面料还有涤棉、毛涤、毛粘混纺、锦棉、天丝（TENCEL）、TNC（锦纶、涤纶与棉纱复合）面料等。

对于校服面料来说，最常用的是棉、毛、涤纶、锦纶、腈纶及其混纺织物，校服的辅料中，使用较多的纤维是涤纶、黏胶纤维及其混纺织物。

二、影响织物性能的要素

纤维构建了织物吸湿性、耐磨性、弹性等基本性能，而纱线、织物组织、后整理技术等因素共同形成了织物的最终外观和性能特征。

（一）纱线

纱线的细度、捻度、捻回角、合股根数、捻向等形成了纱线的特性，从而决定织物的厚度、表面的肌理和光泽、手感触觉等。

（二）织物组织

织物是由细小柔长物通过交叉、绕结、连接构成的平软片块物。按照织造方法，可分为机织物（又叫梭织物，图6-1）、针织物（图6-2）和非织造织物。其中非织造织物主要用于衬料、口罩、包装袋等。

图6-1 机织物

图6-2 针织物

1. 机织物（梭织物）

由纵向的经纱和横向的纬纱交织而成的织物，组织紧密，强度好，没有弹性。机织物布面光洁紧致，做成的服装线条清晰干练，光泽度好，适合制作礼仪类的服装，衬衫、西服、大衣、领带、裙子等校服面料都采用机织物制作。

机织物的组织结构变化多样，最常见的是平纹组织、斜纹组织和缎纹组织，这三类组织被称为三原组织（图6-3）。

（1）平纹组织：是经纱和纬纱以一上一下的规律交织的织物组织，是三原组织中最简单的一种。平纹组织的织物正反面外观相同，经、纬纱之间交织点最多，质地最为紧实，织物外观挺括，表面平整，较为轻薄，耐磨性好。平纹组织的应用极为广泛，常见平纹织物的种类有：

①棉类织物：平布、府绸；

②毛类织物：凡立丁、派力司、薄花呢；

③丝类织物：电力纺、乔其纱、塔夫绸、双绉；

④麻类织物：夏布、麻布；

⑤化纤织物：人棉布（黏纤平布）、涤丝纺等。

（1）平纹组织

（2）斜纹组织

（3）缎纹组织

图6-3 常见的机织物组织

（2）斜纹组织：是相邻经（纬）纱上连续的经（纬）组织点排列成斜线、织物表面呈现连续斜线织纹的织物组织。斜纹织物的经纬纱之间孔隙较小，纱线可以排列得更为紧密，因此比较紧致厚实。同时，斜纹织物表面有明显斜向纹路，呈现出一定的肌理图案效果。斜纹织物手感柔软，弹性好，但由于斜纹织物浮长线较长，在经纬纱粗细、密度相同的条件下，耐磨性、坚牢度不如平纹织物。斜纹组织的应用较为广泛，常见斜纹织物的种类有：

①棉类织物：斜纹布、卡其、牛仔布；

②毛类织物：哔叽、华达呢、啥味呢、制服呢；

③丝类织物：真丝斜纹绸、美丽绸等。

（3）缎纹组织：指经线（或纬线）浮线较长，交织点较少，形成有规律而均匀但斜线不连续的织物组织。缎纹织物表面平滑匀整，质地柔软，富有光泽，较为华丽。由于浮线较长，所以牢固程度最低，容易挂丝。缎纹组织的应用也较广泛，常见缎纹织物的种类有：

①毛类织物：礼服呢；

②棉类织物：横贡缎、直贡缎；

③丝类织物：素绉缎、织锦缎、软缎。

2.针织物

针织物是指用织针将纱线构成线圈，再把线圈相互串套而成的织物，分为纬编针织物（图6-4）和经编针织物（图6-5）两大类。在校服中，运动服、T恤、毛衫、毛背心等都是针织物。

 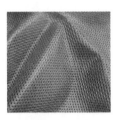

图6-4 纬编针织物　　图6-5 经编针织物

（1）纬编针织物：是用纬编针织机编织，将纱线由纬向喂入针织机的工作针上，使纱线顺序地弯曲成圈，并相互穿套而形成的圆筒形或平幅形针织物。根据纬编针织物的编织方法，可以分为：

①基本组织：包括平针组织、罗纹组织和双反面组织；

②变化组织：包括变化平针组织和变化罗纹组织；

③花式组织：包括提花组织、集圈组织、添纱组织、毛圈组织、复合组织等。

以上的组织中，平针组织、罗纹组织在校服中最为常见，变化平针组织、变化罗纹组织（双罗纹等）、提花组织和移圈组织中的绞花组织也有一定的应用。

（2）经编针织物：是用经编针织机编织，采用一组或几组经向平行排列的纱线，在经编机的所有工作针上同时进行成圈而形成的平幅形或圆筒形针织物。

第三节
校服的常用织物品种

从原料上划分，常见校服面辅料有棉布类、毛呢类和化纤类；从织造方法上划分有机织类和针织类。其中常见的棉布有普通纯棉布、精梳棉布和混纺棉布，在本章第一节已经列举，不再赘述。

一、机织类

（一）毛呢面料

毛呢面料是用各种羊毛、羊绒织成的面料，是织物中的高档面料。毛呢面料通常适于制作校服中的礼服外套类服装，如西服上衣、西裤、大衣、毛料连衣裙等正规、高档的服装。毛呢面料手感柔软，高雅挺括，富有弹性，保暖性强。缺点主要是洗涤较为困难，且大多数不适合制作夏装。

按照纱支的粗细，毛呢面料可分为精纺和粗纺。

1.精纺毛呢

精纺毛呢是用较高支数的精梳毛纱织造而成，羊毛质量好，织品精洁紧密、平整柔软，色泽艳丽而富有弹性。

具有代表性的精纺毛呢面料有哔叽、啥味呢、华达呢、凡立丁、派力司等，都属于高档面料品种，外观品质较高，它们在纱线支数、组织结构、面料厚度有一定的差别，适用的季节和服装也有所不同，以较常见的哔叽、凡立丁和华达呢为例：

（1）哔叽：精纺毛呢面料中的基本品种，斜纹组织。织物手感丰满柔糯，富有弹性，光泽自然柔和。哔叽适合制作秋冬季校服中的西服上衣、裤子和毛料裙等。

（2）凡立丁：精纺毛呢产品中的夏令织物品种，采用平纹组织，为精纺织物中质地轻薄的重要品种之一，其特点是毛纱细，密度稀，呢面光洁轻薄，手感挺滑，孔细且均匀，透气性好，色泽多以中浅色为主，是良好的夏季衣料。凡立丁适合制作春夏季校服裙，或校服裤。

（3）华达呢（又称轧别丁）：用精梳毛纱织制、有一定防水性的紧密斜纹毛织物。呢面平整光洁，斜纹纹路清晰细致，手感挺括结实，有身骨，弹性足，色泽自然柔和，多为素色，也有闪色和夹花的。华达呢适宜制作风衣、外套、制服等。

2. 粗纺毛呢

粗纺毛呢织物呢面丰满，质地紧密厚实。表面有细密的绒毛，织纹一般不显露。手感温暖、丰满，富有弹性。粗纺毛呢的主要产品有学生呢、法兰绒、人字呢、军用大衣呢、粗花呢、板司呢、麦尔登呢、立绒大衣呢、雪花呢等。

粗纺毛呢对原料的要求比较低，属于大众化的毛呢面料。学生呢、法兰绒、制服呢、大众呢等面料在学生校服中应用非常广泛。

（1）学生呢：常使用羊毛和黏胶纤维混纺，呢面细洁、平整均匀，基本不露底，质地紧密有弹性，手感柔软，光泽自然，是冬季校服的常用面料。

（2）法兰绒：特点是柔软而有绒面，表面有一层细密柔软的绒毛，手感柔软平整。色泽素净大方，常见浅灰、中灰、深灰色，面料厚，保暖性好。法兰绒也可加入黏胶纤维和少量锦纶混纺，一方面可降低原料成本；另一方面

可提高其耐磨性。

（3）制服呢：指用中低级羊毛织制的粗纺毛织物，采用精梳短毛、再用毛为原料，与黏胶纤维混纺。制服呢结构紧密，呢面较粗，织纹未被绒毛所覆盖，适用于学生制服和中山装等。

（二）化纤面料

在校服面料中，化纤类面料一般常见化纤与棉、毛的混纺材料，如涤棉、涤毛、毛黏、棉黏等，氨纶材料能极大地改善面料的弹性和穿着舒适性，也是非常常见的化纤混纺材料。化纤材料也可彼此混纺，发挥人工合成优势，创造出不输于天然纤维的外观和穿用性能。同时，化纤面料在校服的辅料中也发挥着重要作用。下面举例说明：

1. 涤黏混纺面料（T/R）

涤黏混纺面料是涤纶和黏胶纤维的混纺面料，属于合成纤维。涤黏混纺面料可以模拟毛和棉等天然纤维面料的外观、手感和性能。总的来说，涤黏面料平坦光亮，色彩鲜艳，手感弹性好，吸湿性好，坚固抗皱，尺度稳定；具有良好的透气性，但免烫性差。

涤黏面料价格不高，应用广泛。涤黏仿毛面料适合制作正装校服、校裤等；涤黏仿棉面料适合制作夏季校服中的衬衫、裙子等。

2. 春亚纺

春亚纺俗称防雨布，也可以称为"涂层尼龙纺"。它的布面平挺光滑，质地轻而坚牢耐磨，不缩水、易洗快干、

手感好。最为常见的品种有半弹春亚纺、全弹春亚纺、消光春亚纺等。半弹春亚纺一般用作西服、大衣、夹克、童装、职业装的衬里辅料；全弹产品经过不同后整理加工，可制作羽绒服、童装、夹克等。

二、针织类

（一）汗布

汗布是最常见的针织布，属于纬平针织物，用于制作各种款式的T恤和背心。汗布布面光洁、纹路清晰、质地细密、手感柔软，纵、横向均具有较好的延伸性，吸湿性与透气性较好。

（二）罗纹布

罗纹布具有较好的收紧效果，而且弹性很大，因此大量应用于T恤、毛衣、运动服、棉衣、夹克的领边、袖口等。罗纹布可分为1+1罗纹、2+2罗纹、3+3罗纹、1+2罗纹等，再加上材料的不同，种类十分丰富。

（三）经编网眼布

经编网眼布具有良好的回弹性，有缓冲保护作用，具有优越的透气、透湿性能，质地轻而柔软，易洗耐磨，近年来在夏季运动服中越来越常见。网眼布的网孔多样，有三角形、正方形、长方形、菱形、六角形、柱形等，风格时尚。通过网眼的分布，可呈现直条、横条、方格、菱形、链节、波纹等花纹效应。

一些网眼布还加入了快干排汗的助剂，如加入天然的竹炭分子，帮助吸排水分，大幅提高了网眼布的功能性，使其非常适合制作打球、跑步等运动服装，也适合制作夏季运动类校服。

（四）珠地布

珠地布表面呈疏孔状，像蜂巢一样，比普通针织布更透气、透湿、干爽，也更耐洗涤，非常适合制作T恤、Polo衫和春夏季运动服（图6-6）。

（五）摇粒绒

摇粒绒是纬编针织物，一般是纯涤纶制成。面料正面拉毛，摇粒蓬松密集而又不易掉毛、起球，反面拉毛稀疏匀称，非常蓬松保暖（图6-7）。

图6-6 珠地布　　　图6-7 摇粒绒

第七章
校服的常见单品设计

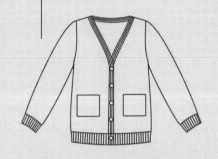

　　校服文化起源于英国现代男装，具有英国服装追求礼仪性的历史渊源，很多校服单品都可在英国男装的发展历程中追溯到源头。英国男装具有保守性、功利性、稳定性、程序化的特点，追求端庄、朴实、严谨、礼貌的审美目标。这些特点也在一定程度上影响了校服。总的来说，校服也具有保守性、稳定性和程序化的特点。

　　（1）保守性：校服廓型较为平直，极少采用过于夸张的线条和过分复杂的结构。

　　（2）稳定性：在校服款式与结构上，面料、色彩、领型、袖型、部件细节等的变化发生在有限的范围内，总体来说，校服体系较为封闭，变化缓慢。

　　（3）程序化：由于上述保守性、稳定性的特点，校服的设计需要遵循一定的要求和程序，是在一定的设计框架内的选择性设计。

　　与所有的领域一样，校服设计也必须进行创新，必须使校服保持与大众审美发展的步调一致，获得社会的认可，才能真正对学校教育起到积极正面的推动作用。然而，校服的创新设计必须建立在对校服文化发展历史深入了解的基础上，是熟知校服文化后运用一定的现代观念进行重新诠释的传承式设计。脱离校服文化基础的设计是很难取得好效果的。

　　校服的基本框架由校服的常见单品款式构成。了解这些单品的历史文化，是校服设计和创新的基础。

第一节
礼仪校服

常见的礼仪校服单品包括西服上衣和裤子、衬衫、裙子（半身裙、连衣裙和背带裙）等，一些国家和地区还将民族服饰列为礼仪校服。

一、西服上衣

西服是现代礼仪服装中的经典单品，是最重要的礼仪服装。西服上衣的构成稳定保守，变化不大，主要包括翻驳领、合体袖、裁剪合体的衣身、一个胸袋和两个大口袋。西服的设计变化是非常细微的，除了面辅料的材质与色彩图案外，主要是在领子形状、扣子粒数、门襟止口形状、口袋结构等细节处进行变化（图7-1）。

校服中的西服属于布雷泽西服（Blazer）。布雷泽与普通西服上衣的结构相同，但在一些细微处有自己的特色。据说布雷泽起源于18世纪20年代

图7-1 西服上衣的款式变化

剑桥大学的划船俱乐部，具有团体制服和运动礼服的双重属性，在面料上的限制较少，颜色丰富，以单色或细条纹图案为主，面料有毛、棉、麻、混纺等；在款式细节上的特征体现为金属纽扣、贴袋和明线或镶条装饰；在廓型上，布雷泽比正式服装宽松，收腰量小，呈直线廓型（图7-2）。

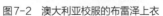

图7-2 澳大利亚校服的布雷泽上衣

布雷泽风格随和，可以与很多服装搭配，既可以内搭正装衬衫和领带，也可以搭配Polo衫，同时，它也能搭配各种颜色和面料的休闲裤、牛仔裤等。

布雷泽的团体制服和运动礼服属性使它常常被用来作为校服、航空公司、俱乐部、体育竞赛团体服装等。在上衣的胸袋上常出现代表团队的徽章，金属纽扣也可刻上团队标识。当然，纽扣也可以是普通纽扣。

西服上衣起源于男装，廓型和结构硬朗严肃，较为阳刚，因此在女生的西服上衣设计上，应注意调和这种意象，加入较为温和细腻的女性元素。一般来说，可在廓型、比例和细节上进行调和（图7-3）。

图7-3 女生西服校服设计

首先，在长度上，女生校服上衣长度略短，以拉长腿部，使人体的比例更加苗条美观。

其次，腰部应略收紧，采用小X的廓型。

再次，在口袋、门襟止口等转角处，采用更大、更明显的圆弧形曲线。

最后，可以加入更多的装饰要素，设计的自由度也可适当加大。

二、西服裤子

西裤是与西服上衣搭配成套的裤子。根据廓型，西裤可分为筒裤、喇叭裤和锥形裤。校服裤子最常见的是筒裤，近年来随着流行的变化，也出现了裤口收紧、裤长略短的锥形校裤（又称铅笔裤）（图7-4）。

西服校裤颜色常见深蓝色、灰色、米色、棕色、深绿色等纯色，少部分校裤采用条纹图案，与西服上衣图案相同。而当西服上衣为比较华丽的条纹或格子图案时，裤子往往使用纯色，以获得整体的稳重感。

西服校裤面料有纯毛、涤毛、丝毛、纯棉、涤棉等，有时为了降低成本，也会使用纯化纤面料。在款式上，可在侧口袋、裤褶、后口袋上进行设计变化。但为了使裤子的合体性和适应性更好，同时降低缝制工艺成本，校服裤子往往采用橡筋腰头，用橡筋解决腰臀差量的问题，不用缝合出裤褶。

作为礼服的西服校裤一般是长裤，但在一些国家或地区的校服组合中也有

正式场合和日常时穿着的短裤，特别是马来西亚、泰国等气候炎热的地区，日木儿童也喜欢一年四季穿着短裤，以训练耐寒能力。由于短裤露出足踝和膝盖，儿童活动起来非常方便，因此在活动性能方面颇具优势。礼服短裤从款式上属于百慕大短裤，它的特点是除了裤长缩短至膝盖上2～3cm以外，面料、色彩和款式完全与长裤一样（图7-5）。

三、衬衫

衬衫在男装发展历史上曾经是内衣，并不是在正式场合穿着的服装，因此它的礼仪等级不及西服，在面料、色彩、图案上的自由度也更大，看起来更加活泼轻松。校服衬衫的常见面料为纯棉、涤棉、丝棉等，常见色彩有白色、淡蓝色、米色、灰色等轻浅色，也有很多衬衫使用素雅活泼的条纹图案。

（1）筒裤

（2）铅笔裤

（3）卷边筒裤

图7-4　校服西裤设计

图7-5 校服正装短裤

在款式上，衬衫包括领子、前扣衣身、袖子和袖口等基本部分。如果按照衬衫的普遍结构进行设计，还应包括前胸袋、肩育克，但它们在外观和功能性上对校服来说不是必要的，为了节约成本，很多校服省去了这两个部分。

衬衫领型为立领或翻领（从结构上又可分为连体翻领、分体翻领和扁领），门襟可分为明门襟和暗门襟，衣下摆可分为平下摆和圆下摆。在细节上，衬衫领角、袖口、袖衩等处都可以进行设计变化（图7-6）。

在一些注重服装正统礼仪的学校，其衬衫还采用传统礼仪衬衫的前胸褶襞

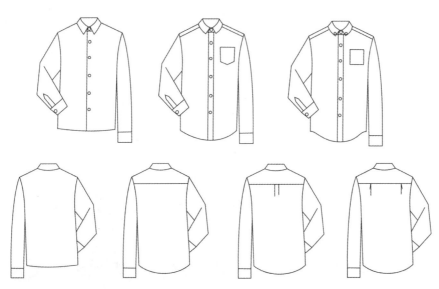

图7-6 常见校服衬衫款式

或浆衬的结构，不过对于男生来说，这种衬衫是不能单独穿着的，只能搭配西服上衣。而女生的衬衫可以借鉴这种装饰性的前身结构（图7-7）。

四、裙子

裙子是女生在礼仪场合穿着的下装，与衬衫或西服搭配。按照裙子的结构，可分为半身裙、连衣裙（图7-8）和背带裙。

裙子面料根据季节的变化而变化，夏季裙子面料为较薄的棉、涤棉、涤纶等，冬季裙子面料为中厚度的棉、毛、涤棉、涤毛、涤纶等。

在颜色上，裙子可素可艳。由于西服和衬衫颜色较素雅，素色的裙子与之协调一体，整体风格端庄、朴实、稳重；而色彩艳丽的裙子可调动服装的气氛，整体风格既端庄又华丽，既稳重又活泼。在图案上，很多半身裙是格子图案，连衣裙和背带裙则纯色居多。

（一）半身裙

半身裙可分为筒裙、小A字裙、斜裙、圆裙、多片裙、褶裙、育克裙等，其中最常见的校服裙子款式是育克褶裙。育克褶裙从腰围到臀围的曲线合体柔和，褶皱既具有秩序感，又富有装饰感，适合所有年龄段的女生（图7-9）。

图7-7 校服衬衫的其他款式

图7-8 中国香港小学生连衣裙校服

（1）筒裙　　　　　　（2）小A字裙　　　　　　（3）斜裙　　　　　　（4）六片裙

（5）育克裙　　　　　　（6）育克碎褶裙　　　　　　（7）育克顺褶裙　　　　　　（8）育克对褶裙

图7-9　校服裙子的常见款式

小A字裙、斜裙和多片裙文雅庄重，也可做高年龄女生的校服裙；筒裙更适合做大学女生的礼服裙。

（二）连衣裙

按照季节，连衣裙可分为夏季连衣裙和秋冬季连衣裙。夏季连衣裙单穿，因此必须有袖子，颜色也多是轻、浅、亮色，符合夏季的外向气氛；而秋冬季连衣裙一般套在衬衫外，无领、无袖，款式简洁，色彩偏深偏暗一些。

校服连衣裙的廓型较为保守固定，以端庄大方为主要原则。设计的重点除了色彩、图案以外，一般体现在领型、腰线、裙摆、分割线、褶裥等内部结构上，仍以端庄、简洁、素雅、活泼为设计原则（图7-10、图7-11）。

（三）背带裙

背带裙是一年四季皆可穿着的裙

图7-10　校服连衣裙的内部结构设计

图7-11　校服连衣裙款式设计

子，夏季搭配短袖衬衫，冬季搭配长袖衬衫、外套。背带裙天真俏丽，非常富有青春朝气，里外搭配式的穿着方式具有层次感，一直受到女生们的喜爱（图7-12、图7-13）。

五、其他正装上衣

一些国家和地区有自己的民族服饰或传统特色校服，如印度的纱丽、日本的水手服和诘襟。随着世界文化的融合和服装潮流的发展，校服款式越来越不拘一格，出现了许多新颖美观、富有个性和特色的正装上衣。以日式水手服上衣为例，很多学校的校服重新设计了传统的水手服上衣，将水手领与西服上衣结合，或变形成为翻领上衣，使这种传统校服在致敬传统的基础上，焕发出符合时代需要的新颖面貌（图7-14、图7-15）。

图7-12 校服背带裙的设计

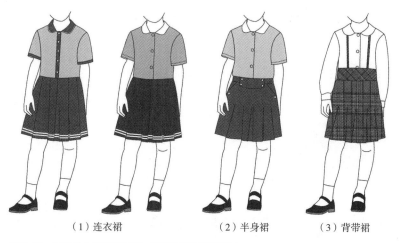

（1）连衣裙　　　　　（2）半身裙　　　　（3）背带裙

图7-13 低年龄儿童的连衣裙、半身裙和背带裙设计

图7-14 日式水手服上衣

图7-15 日式翻领上衣

第二节

运动校服

———

运动校服可分为运动衣和运动裤两大类，其中运动衣款式有T恤、Polo衫、翻领外套、棒球服上衣等；运动裤的款式变化不大，按照季节有短裤和长裤之分（图7-16）。

运动校服都是用针织面料制作的，穿着舒适而有弹性。在板型结构上，礼仪校服讲求合体美观、端正有型，而运动校服则以运动性能为主要目的，柔软宽松，便于活动；在色彩上，礼仪校服色彩普遍素雅庄重，纯度低，运动校服则活泼外向，暖色、亮色、纯度高的颜色出现的频率较高，颜色的对比强烈，色彩丰富度高。

一、Polo衫与T恤

Polo衫又叫作网球衫，曾用于足球、

图7-16　四季运动校服

划船等运动穿着，由于穿着舒适，后来在马球运动、网球运动中陆续引入，成为最受欢迎的运动服装和日常休闲服装。

Polo衫的标准结构包括翻领、前门襟、衣身和袖子，其中前门襟的纽扣数量可以是2~5粒，决定了门襟的长短。传统的标准衣身前短后长，在侧缝末端有开衩。日常穿着的Polo衫在左胸处有贴袋设计，一些Polo衫款式还会在衣身上进行结构的设计，如育克结构、腋下片结构等。袖子根据季节的变化，

可以分为短袖和长袖，长袖有束紧袖口，短袖分为敞开式袖口和束紧式袖口（图7-17）。

校服Polo衫的常见面料有纯棉和涤棉，纯化纤面料的耐磨性、耐热性、吸湿性、透气性都较差，不宜选用。

T恤的面料与Polo衫一样，也具有和Polo衫一样的舒适性能，但款式比Polo衫简单，没有领子和前开襟，也很少有内部结构，非常简单休闲，形式感和正式程度都比Polo衫低，在校服中不太常见（图7-18）。

图7-17　常见的校服Polo衫款式（正面与背面）

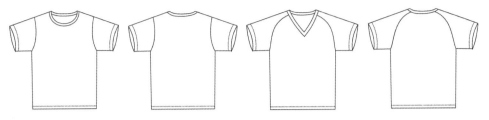

图7-18　常见的校服T恤款式（正面与背面）

二、运动服外套与棒球服

运动服外套结构为翻领，衣身下摆和袖口有罗纹束口，前门襟有拉链，袖子常采用插肩袖。

运动服面料常见纯棉、涤棉、涤纶、尼龙等，仍以纯棉、涤棉面料的吸湿透气性为佳。在色彩上，一些学校的运动服采用多种颜色搭配组合，色彩丰富靓丽；也有一些学校喜欢颜色朴素的运动服，比起跳跃抢眼的颜色，更注重面料的质地紧密，耐穿耐磨（图7-19）。

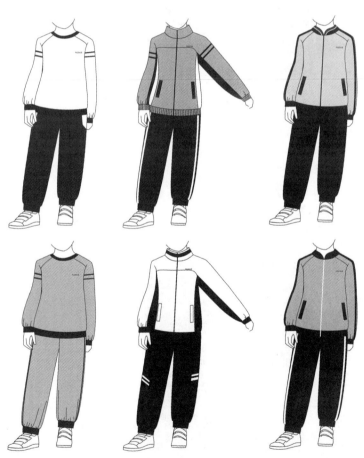

图7-19　各种运动服

除了常见的运动服上衣款式之外，棒球服也越来越受到学生的欢迎。棒球服的领子为立领，斜插袋，衣身与袖子的颜色不同，在领子、袖口和衣服下摆的罗纹上有条纹，形成视觉上的节奏感，具有一定的装饰性（图7-20）。

三、运动裤

运动裤可分为短裤和长裤，在款式上，运动长裤有束脚裤和敞口裤两种。从运动性能看，束脚裤的裤脚不会缠绊，运动更方便安全。而敞口裤的裤型线条流畅，腿部比例长，也更美观（图7-21）。

在人体中，下肢的运动量和运动幅度远远高于上身，所以应充分考虑裤子的各种耐穿指标。除了面料性能外，运动裤的颜色也尽量选用深色，既耐脏耐穿，也容易与高纯度的上衣颜色取得色彩上的平衡，使服装色彩重心稳定。

运动裤往往在裤子两侧缝上装饰带，或做小面积的几何色块分割，一方面与上衣的颜色呼应，另一方面增加运动裤的跳跃感。

图7-20 棒球服运动装（正面与背面）

图7-21 三种常见的运动上衣与运动裤

第三节

日常校服

在非礼仪场合、非运动时间的日常情景中，一般对校服的正式等级和运动舒适性要求不高，这时可以穿着衬衫与裙子、长裤，Polo衫与运动裤等各种服装。因此，这些服装应设计得既耐看又容易搭配，颜色不要太多、太亮，款式尽量简洁，在设计方案时应考虑各种单品之间是否容易搭配得当（图7-22）。

日常校服除了上述的礼仪校服、运动校服和正式级别不高的款式外，还有一类适应气候变化的校服，包括毛衫、毛背心、西服背心和各种外套、棉衣等。

图7-22 女生日常校服

一、毛衫与背心

按照有袖和无袖的区别，毛衫可分为毛背心和长袖毛衫两类；按照穿着方式，可分为套头式和开襟式（图7-23）。

在领子形状上，虽然日常毛衫有高领款式，但在校服中，毛衫都是无领的，领子形状一般是圆领和V型领。V型领与衬衫搭配穿着，露出的前领部分正好适合打领带或领结。如果是圆领毛衫，则前领口要略深一些。

与套头式毛衫相比，开襟毛衫穿着更加方便，款式更像外套，有的开襟毛衫还有两个口袋，与外套款式无异。

在颜色上，毛衫是秋冬季服装，颜色的纯度和明度都应适当降低。常见的毛衫颜色有深蓝色、深灰色、中灰色、深绿色、深红色等。低龄儿童采用纯度略高的绿色、蓝色、红色也很适合，显得热情积极、开朗活泼。

毛衫多利用本身的组织结构呈现出不同的图案花纹，除了最常见的平针组织、罗纹组织外，还有扳花组织、畦编组织、提花组织等。平针织物外观平整光洁，罗纹织物有凹凸肌理，弹性好，各种花型组织视觉美观，装饰感强，各有特点，在设计毛衫时可以根据学校对校服的定位要求选择。

除了毛衫自身的组织结构外，也可以进行毛衫图案设计。常见的毛衫图案

图7-23　常见的校服毛衫和毛背心款式（正面与背面）

为菱格纹图案，在毛背心和长袖毛衫的前片上大面积或局部使用。

毛衫的领口、衣下摆和袖口也是色彩设计的常见部位。在这些地方用相同的颜色或细条纹装饰，有助于形成整件衣服的韵律感，使设计更加完整美观（图7-24）。

毛衫的常用面料有纯毛、纯棉、腈纶、黏胶纤维或各种混纺材料。纯毛面料的各项穿着性能都极佳，但成本高，洗、晒等衣物维护性能不理想；化纤面料成本低，但保暖性、耐用性、穿着性能不好。因此，在校服中，最常使用毛、棉与涤纶、锦纶进行混纺的面料。

二、外套

外套是在秋冬季穿着的保暖衣物。常见的外套种类有防风外套、风衣、大衣和棉衣。外套是在上学、放学及户外活动时穿着的校服，注重保暖、防风和安全等功能。虽然防风外套、风

图7-24　校服毛衫和毛背心设计

衣、大衣和棉衣的适用气温、环境和保暖性能不同，但为了减轻学生的支出负担，学校的校服方案一般只选用一种外套。在气温适宜的地区，常见防风外套、风衣和大衣，温度较低的地区选用棉衣。

（一）防风外套

防风外套基本是H廓型，有一些款式设置了可调节腰带，可收紧腰部。从功效学的角度看，收紧腰部的设计可以形成体积更小的独立衣空间，保暖性更好。

防风外套的款式一般比较简洁，常见的结构是用分割线实现线与色块的分割和组合，分割线的位置一般在前胸、手臂、肩部、侧缝等人体运动带，体现对功能性的强调。防风外套一般都设有口袋，既具有实用性，也具有装饰性（图7-25）。

防风外套在长度上可分为短款和中长款两类，短款的衣长到臀围线，中长款的衣长到大腿中部附近。

在领子款式上，常见的领型有立领、连体翻领。有的防风外套带有风帽，有些风帽可以拆卸，设置在连体翻领外面。

在袖子款式上，装袖、插肩袖、连身袖都较常见（图7-26）。

防风外套在秋冬季穿着，在颜色上明度和纯度比春夏季服装要暗一些，常见的有深蓝色、深红色、深绿色、铅灰色等颜色。在防风外套上极少出现条纹和格子图案（图7-27）。

（二）风衣

校服风衣一般采用经典的战壕风衣款式（图7-28）。战壕风衣起源于第一次世界大战时期的英国陆军外套，面料为一种叫作"华达呢"的紧密斜纹涤纶或涤棉织物。在款式上，战壕风衣设计了很多具有户外防风防雨的功能性结

（1）翻领拉链插肩袖短外套　　（2）有风帽拉链插肩袖短外套　　（3）有风帽暗拉链插肩袖中长外套

图7-25　各种防风外套

（1）装袖　　　　　　　　（2）插肩袖

图7-26　外套的袖型变化

图7-27　外套的常见色彩和款式

图7-28　经典的战壕风衣款式

构，加上风衣本身舒适合体，潇洒英武，因此在战后保留了下来。在款式上进行了一些简化和改良后，战壕风衣成为风衣的经典款式，现代的风衣基本以战壕风衣为原型做变款设计。

风衣的领子为分体式翻领，双排扣或单排扣，斜插袋，长度在膝盖以上。如果按照战壕风衣的款式来设计，则在风衣的领口有扣紧的隐藏结构，在右肩有前肩盖布结构，肩上有肩章等细节。但是一般来说这些结构对于校服过于复杂，不是必要结构，因此校服风衣往往会简化设计，有的风衣仅保留肩盖布和腰带等基本细节。

风衣常见颜色有米色、棕色、浅灰色、中灰色和深灰色等（图7-29）。

（三）大衣

大衣面料厚重，色泽柔和，组织结构细致，线条清晰整洁，最适合做礼仪类的外套。但是大衣的外观风格较成

图7-29　校服风衣的常见颜色与款式

熟，生产成本也高，作为公立学校的校服来说略显昂贵，因此很少在公立校服系列里出现。

在校服大衣中最常见的款式是达夫尔大衣（Duffle Coat），这种大衣来源于英国海军制服大衣，款式特征包括：H廓型，长度在大腿中部附近，连风帽，有贴肩布，大贴袋，绳襻牛角扣等。常见的颜色有米色、棕色、灰色、黑色等，面料为毛涤混纺或纯毛纺织品。总体来说，达夫尔大衣的款式风格年轻而有活力，非常适合做校服大衣（图7-30）。

（四）棉衣

棉衣与大衣相比，廓型厚大臃肿，审美性较弱，不属于礼仪性服装。但棉衣保暖性好，轻便舒适，成为比大衣、防风外套、风衣更常见的校服外套。一般是H廓型，领子为连体翻领、立领，连风帽，采用色块分割的方法进行装饰性设计。面料有涤棉、涤纶、尼龙等，以棉花或涤纶制作的棉絮材料为絮料。棉衣色彩较丰富，一般与运动校服的色彩相呼应，体现系列感（图7-31）。

图7-30　达夫尔大衣款式

图7-31　校服棉衣款式

第四节
校服的服饰配件

校服的常见服饰配件包括书包、帽子、领带（领结）。服饰配件的用途和功能与校服大不相同，除了在色彩上应具有与服装主体一致的配伍性外，其结构、功能都自成体系，最好能实现功能与成本的最佳平衡。在外观上，由于服饰配件与人体之间的制约关系较弱，面积、体积也比较小，因此在产品的结构、形式和色彩图案等方面的设计自由度比较高。

一、书包

箱包产品种类很多，包括手提包、手拿包、钱包、背包、单肩包、挎包、腰包和拉杆箱等。然而手拿包、腰包等箱包容量小，手提包、单肩包、挎包等如果长期背负，容易造成青少年儿童姿态不正，诱发高低肩、脊柱侧弯等发育疾病。拉杆箱虽然容量大，无负重问题，但拖行不便，容易磨损室内地面，一些学校予以禁止。在携带形式、容量、功能性等方面最适合做书包的是双肩背包。

双肩背书包可分为提挂和容纳两个部分。提挂部分包括手提带、双肩带和系腰带，容纳部分包括各种口袋，可分为主袋、前袋、小前袋和侧袋，这些口袋可根据设计进行取舍。书包可设前盖，闭合方式有扣合和拉链两种方式。

书包的材质有布料和皮革两大类，其中天然皮革价格昂贵，人造皮革耐用性能一般，都不常见。在我国，最常见的书包是布质书包，布料多为质地紧密厚实的帆布和斜纹布。我国的学生书包需要装纳很多书本，所以书包的层数多，体积大，口袋数量多，为了减轻重量，一般没有前盖。除了书包背部塑形和贴合背部的硬质材料外，整体一般是软性材料。

在颜色和图案上，幼儿园和小学的书包色彩鲜艳活泼，条格、星点、心形图案、卡通人物等深受儿童喜爱；中学的书包色彩变得素静，黑色、深蓝色、深绿色等颜色较多，有装饰条带、文字等少量装饰。有一些书包风格独特，但实用性受到一定影响（图7-32）。

二、帽子

很多国家和地区的学校在校服系列中加入了帽子。帽子具有较好的可辨识性和防护性，能在学生上学和放学途中大大提升安全性，同时也能增强校服的整体感、仪式感和美观程度。

帽子的种类繁多，在校服系列中出现的帽子有棒球帽、平顶礼帽、日式学生帽、圆顶硬礼帽、软呢帽等。根据帽子的风格，也可分为运动型帽子和礼仪类帽子，分别与不同的校服进行搭配（图7-33）。

图7-32　适合与校服搭配的双肩背书包

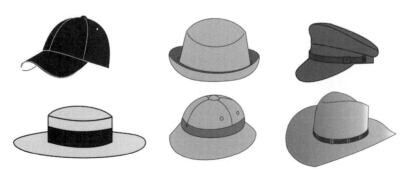

图7-33　适合与校服搭配的帽子

三、领带和领结

西服类的校服中，外套、西裤、衬衫、领带（女生系领结）是一套完整的搭配。西服一般颜色素雅稳重，领带（领结）一般用丝绸织物制作，显得较为华丽，能起到提亮色彩和画龙点睛的装饰作用，因此可以提升校服的庄重性和仪式感。

在色彩和图案设计上，领带和领结可以采用素色设计，如深蓝色、深红色、米色、灰色等。条纹图案的领带和领结更为常见，使用多种颜色的条纹领带、领结色彩丰富活泼，更具有装饰作用。同时，点状、星状、心形、文字等图案，或单独设计，或与条纹相搭配，使设计要素更多样，视觉效果更丰富（图7-34、图7-35）。

图7-34 适合与校服上衣搭配的领带

图7-35　适合与女生校服上衣搭配的领结

第八章 校服系列设计与实例

　　系列设计是服装产品开发的重要理念和方法，它是指用相同或相似的元素进行一组服装的设计，使服装设计作品既有各自的完整性，又有彼此之间的关联性，呈现成组、成套的"家族"感。服装是色彩、款式和面料的有机结合体，系列设计的服装之间往往在整体廓型、款式细节、色彩、图案、材质上寻求统一和呼应，产生穿用和视觉上的连续性，形成系列服装的凝聚力。

　　一般来说，完备的校服方案包括春季和冬季两个季节，又可分为男生校服、女生校服，礼仪服、常服和运动服，如果每一款服装都分别设计，即使款式再美观，校服方案也将显得杂乱无章，无法形成统一的协调感、明确的旋律感和最大化的视觉印象。因此，校服方案在开发的时候，必须采用系列化的服装设计手法，有主题，有不同形式的表达，各款校服既和谐统一、彼此呼应，又有变化，具有个体趣味。

第一节
校服的系列设计方法

服装系列设计的要点在于根据主题确定一个或几个主要设计要素，并在设计时通过强调、呼应、组合、延伸等手法表现出要素之间的关联性和秩序性，强化服装的整体系列效果，突出主题风格。对于校服系列设计来说，常见的设计方法如下。

一、以明确的主旨思想和主题风格指导校服系列设计

校服的主题必然来自学校自身的文化导向。有一些校服方案是所在地区教育主管机构主导开发的，也应确立明确的精神价值方向。有的国家或地区具有自己的传统文化、代表标识或色彩（图8-1、图8-2），有的学校拥有自己的形象系统，都可以成为校服系列设计的最佳参照体系。

校服整体方案设计应建立在对学校或地区文化的深刻研究、领会和特征把握上，是对目标文化的解读和诠释的过程。设计师的任务是准确地提炼出学校的文化符号，将其转述为服装语义符号，最后形成具有清晰概念、完整形态、美学特征的成功设计。

例如，有的学校根据自身的教学体系特征，定位为英式教育或美式教育，有些学校则致力于弘扬本土传统文化。以区域文化为特征的校服设计应该对所对应的文化体系有深入的了解和把握，进行独到的提炼。如果提炼的工作不充分，容易出现对学校文化的解读过于直白、肤浅，校服产品流于形式，设计简单粗糙的弊病。

绝大部分学校拥有明确的价值观，以校训的形式在教学活动中传达给学生。例如，有的学校强调团结、合作、服从、纪律；有的学校认同勇敢独立，自我突破；有的学校鼓励勤学好问，敏

图8-1 澳大利亚典型校服款式

澳大利亚的常见校服单品是布雷泽上衣、连衣裙、衬衫、西裤、打褶裙、毛衫等，常见色彩谱系有蓝色系、绿色系、灰色系，搭配学生喜爱的方格或条纹图案，注重细节设计。特色校服是布雷泽上衣和连衣裙，有时两者会彼此搭配。连衣裙的款式特色是领面较宽的翻领，采用方格或竖条纹图案。

图8-2 新加坡女生典型校服款式

新加坡的常见女生校服单品是衬衫、半身裙、连衣裙、背带裙，常用色彩有绿色、卡其色、灰色、蓝色、黄色。新加坡气候温暖，校服款式注重凉爽透气，常见校服组合是衬衫、领带与半身裙的搭配，无袖连衣裙是新加坡适应本地气候的特色款式。

于思、勤于学……这些办学理念的方向都可以用服装的色彩、廓型和材质语言准确清晰地表达出来。

在校服的成本方面，有的私立学校定位为精英教育，要求校服裁剪考究、面料精美、工艺上乘。大多数学校则为普通的大众化教育，必须控制成本，做到物美价廉。根据学校的教育定位，校服的设计侧重点截然不同。

因此，对校服方案所服务的教育机构进行完整深入的调研，了解学校的负责人、老师、学生、家长对校服的期待和要求，树立明确的主旨思想，确定校服的风格、主题和价位是校服方案开发的第一步。

二、在廓型、面辅料和色彩上体现校服方案的系列感

主题风格明确以后，开始逐一明确校服的廓型、面辅料、主题颜色和图案。设计要素之间在主题风格上彼此联系、和谐统一。值得注意的是校服与时装设计不同，其设计要素受到风格、功能、安全、成本方面的限定，自由度不大，在设计时应始终把实用性放在首要位置进行考量。

（一）廓型

校服的廓型设计与学龄阶段相关。以女生礼仪校服为例，幼儿园、小学阶段常见的廓型为A型，中学阶段常见的廓型为X型、H型和A型。男生校服则

一般采用H廓型。一旦设定了廓型，在不同季节、不同种类的服装上应保持统一。例如，在女生校服中采用X廓型表现女生的活泼、柔美和时尚感，因此夏季的衬衫、半身裙或连衣裙，秋冬季的礼服都应考虑采用X廓型。

（二）面辅料

校服的面辅料设计应注意系列单品之间在质感上的搭配，体现出面料厚度、密度、光泽的和谐呼应，以及面辅料之间的配伍性等。同种校服应选用同种面辅料，同一季节的校服面料质感应相似。不同季节的校服品种，如衬衫、西服上衣、半身裙、长裤的面料搭配厚薄有致。男生校服与女生校服的面辅料应彼此呼应。

（三）色彩和图案

在单件服装上，主题色不宜超过3个（图8-3～图8-5）。而对于整套校服方案来说，主题色一般选用4～5个，不可过多或过少。颜色太多容易杂乱，给配色造成困难；太少则单一呆板，缺少变化。

夏季校服与冬季校服的颜色不应相同。夏季服装颜色浅淡，冬季服装颜色深暖，可选择同一种色相的不同色调进行校服的季节系列设计（图8-6）。

男生校服与女生校服的主题色可一致，也可进行区别。可采用色彩方案中的不同颜色作为各自的主题色，在次要色上进行呼应（图8-7）。

图8-3　主题色为蓝色的礼仪服

图8-4　主题色为绿色和白色的礼仪服

图8-5　主题色为白色、米色和红色的礼仪服

图8-6　新加坡淡滨尼初级学校校服款式示意图

这个校服系列的夏季礼服用浅绿色，冬季礼服用深绿色，体现了季节的差异，又具有色彩上的系列感。

图8-7　新加坡澳大利亚国际学校

在这个校服系列中，男生校服与女生校服的主题色不同，女生校服的领子与袖口呼应男生校服的白色，男生校服中的领带呼应女生连衣裙的图案。

礼仪服装、日常服装等正装与运动装的穿用属性差别较大，不一定在色彩上达到完全一致。例如，正装和常服可用2~3个主题色，运动装也可用2~3个主题色。运动装上的主题色与正装的主题色可以不一致，但两者之间有1~2种颜色呼应联系，或在色调、色系上有内在联系（图8-8）。

图8-8　正装与运动装的主题色不同

正装主题色为灰色，运动装主题色为深蓝色，两者使用天蓝色彼此呼应联系。

三、在细节上体现校服方案的系列感

除了色彩方案和廓型、材质的精巧安排之外，设计的巧妙构思还主要体现在校服细节上，细节设计决定了服装设计的完整程度、美观程度与视觉上的丰富程度。

服装细节包括细部色彩、细部结构、部件设计、条带设计、配饰等。设计师应从服装整体系列的角度出发，遵循服装的形式美法则进行细节设计，使校服方案呈现出既调和又有对比，具有一定韵律节奏的视觉效果。下面以三个具体例子进行说明。

图8-9中校服系列的礼仪服、日常服和运动服主题色不同，男生和女生的校服主题色也不一致，但白色、浅蓝色、深蓝色和绿色的组合非常协调，色彩面积也均衡得当。由于主题色都为冷色和中性色，围巾和领结中的黄色起到了很重要的调节作用。一方面，黄色起到连接各款校服的作用；另一方面，黄色是暖色，是绿色的互补色，黄色的加入，使整体校服方案获得了色温和亮度的平衡，在色彩上极具层次感。

图8-10中校服系列的主题色为黑色，深色耐穿、耐脏，是很多校服方案偏爱的颜色。为了打破黑色暗沉的气氛，Polo衫使用了中纯度和高纯度颜色。在灰色的Polo衫上使用紫色条带和蓝色条带，在紫色的Polo衫上使用蓝色条带和灰色条带，而蓝色又与防风外套的里布、袋口颜色一致。

图8-9 细节设计实例1

图8-10 细节设计实例2

　　特别值得注意的两点是：首先，Polo衫的条带设计采用了不对称的倾斜设计，由于面积小，属于细节设计，因此没有打破整体设计的均衡稳重感，反而显得活泼，有创造力。其次，这套校服方案有不同的Polo衫颜色，这是很多

图8-11　细节设计实例3

学校采取的差别化设计方法，如不同的年级、不同的学制等，用这种方法加以区别。

　　图8-11中校服系列的女生礼仪服主题色为棕色，男生礼仪服主题色为深灰色。同时，女生校服的领口采用 V 型无领开襟设计，男生采用经典的翻驳领领型。这些设计点都适合男生和女生的性别定位。虽然两款校服在颜色和款式上差别较大，但仍然十分协调，除了同款衬衫和领带外，领口的同色镶边起到了很好的连接作用。

第二节

校服方案实例

下面将以澳大利亚的两所学校制定的校服政策为案例，分析一套较为齐全的校服方案应包含的内容。

一、实例一——澳大利亚布莱顿中学校服方案

（一）布莱顿中学（Brighton Secondary College）的校服方案款式图

1.女生校服（图8-12～图8-15）

2.男生校服

男生冬季校服、运动校服、排球校服等款式与女生大致相同，夏季校服如图8-16所示。

（二）布莱顿中学校服方案的款式与色彩分析

1.校服风格与主导思想

布莱顿中学是一所公立中学，从学校的校服方案文件中可以看出，学校的主导思想是要求校服性价比高，实用耐穿。从校服系列的整体风格和款式来看，很好地贯彻了学校的主导思想，款式简单实用，风格朴素大方。

图8-12 布莱顿中学夏季校服

图8-13 布莱顿中学冬季校服

图8-14 布莱顿中学运动校服

2.校服组成与色彩分析

整套校服系列的色彩共七个，分为四个色系，分别是无彩色系、绿色系和蓝色系和黄色系。

其中，无彩色系分为浅灰色、炭灰色、黑色，所占比重最大；其次是绿色系，有浅绿色和深绿色；最后是深蓝色，面积最小的颜色是黄色。这七种颜色分别是不同季节和不同种类校服的主题色，体现了对季节、场合、性别差异的考虑。

（1）男、女生夏季礼服由衬衫和长裤组成，主题色为浅灰色和黑色，除裁剪外，两者的差别不大。

（2）女生有单独的连衣裙校服，是夏季常服，图案使用了绿色和黄色的小格纹。

（3）男、女生夏季常服是黑色与绿色的条纹Polo衫，搭配炭灰色长裤。

（4）冬季保暖型常服有两种，一种是深绿色毛衫，另一种是深蓝色外套。

图8-15　布莱顿中学排球校服

图8-16　布莱顿中学男生夏季校服

（5）在运动校服上，为了突出表现运动的跳跃感，在深色的主题色上加入了深绿色块和高纯度的黄色镶边，运动短裤两侧也加了黄色饰条。

（6）排球服的设计采用了灰色、黑色与黄色的色彩搭配，既稳重理性，又具有活力。

3.校服方案总体分析

这套校服色彩较多，略显杂乱，应当是成本和实用的主导思想导致的结果。但整体来看，色系之间搭配协调，色彩面积主次分明，具有层次感，款式实用舒适，稳重大方，达到了学校的期望和要求。

（三）布莱顿中学的校服规定内容

在布莱顿中学完备的校服政策文件中，包含以下内容：

1.校服政策的制定机构

布莱顿中学校服政策是由学校联合会通过管理委员会制定和批准的。很多学校在制定和出台校服政策的时候，会征求家长、学生、老师和学校管理人员的多方意见。

2.校服政策制定的意义

为了保持和尊重学校的优秀传统，所有学生都应自豪地穿上布莱顿中学校服。该制服适合所有体型和年龄，统一穿着校服的规定有助于营造一个安全有序的学校环境，学校为每位学生提供性价比高、耐穿的服装。

3.特殊情况

（1）如果由于学生身体原因无法穿制服，家长应向学生教师提供一份说明，说明要求注明免除制服规定的时间。但仍要求学生必须穿上与校服颜色相同的服装。

（2）免穿校服申请应提交给相关的主要制定政策的成员批准。

4.女生校服说明（表8-1）

表8-1　布莱顿中学女生校服说明

服饰	春夏季（第1、4学期）	秋冬季（第2、3学期）
长裤	炭灰色合体长裤	炭灰色合体长裤
短裤	炭灰色合体短裤，长度及膝	
连衣裙	绿格子连衣裙，长度及膝	
半身裙		条格裙，及膝或至小腿中间的长度，仅与浅灰色衬衫和黑色学校皮鞋搭配穿着 黑色或深蓝色紧身裤袜是与裙子搭配的首选，但也可以穿纯白色或中统袜
衬衫	条纹 Polo 衫，带有校标 浅灰色衬衫，带有校标	条纹 Polo 衫，带有校标 浅灰色衬衫，带有校标
套衫	拉链防风夹克，带校标 绿色羊毛套头衫，带校标 条纹橄榄球衫，带校标 第十二年级（高三）学生的防风夹克 国际学生夹克	拉链防风夹克，带校标 绿色毛料套头衫，带校标 条纹橄榄球衫，带校标 第十二年级（高三）学生的防风夹克 国际学生夹克
上衣	外套，或排球运动外套，或旅行外套	外套，或排球运动外套，或旅行外套
帽子	深蓝色帽子，带校标	深蓝色帽子，带校标
鞋 *凉鞋不适宜在某些场合穿着（具体见后），不允许穿高跟鞋	黑色平底系带鞋或纯黑色皮革运动鞋 棕色皮革学生凉鞋（非时装款），可接受的鞋面形式与坚固的脚踝固定扣带 不允许穿靴子	黑色平底系带鞋或纯黑色皮革运动鞋 不允许穿靴子

服饰	春夏季（第1、4学期）	秋冬季（第2、3学期）
裤袜		黑色或海军蓝不透明裤袜
短袜	纯白色或中筒袜搭配短裤，纯黑色袜子搭配长裤	纯白色或中筒袜搭配裙子，纯黑色袜子搭配长裤
围巾		纯藏蓝色
帽子	海军蓝色的水桶帽，具有防晒功能	
头饰	深绿色，或藏蓝色的头巾、发带或扎头发的橡筋	

5. 男生校服说明（表8-2）

表8-2　布莱顿中学男生校服说明

服饰	春夏季（第1、4学期）	秋冬季（第2、3学期）
长裤	炭灰色长裤 建议穿长裤，但也可以穿短裤	炭灰色长裤
短裤	炭灰色短裤，长度及膝	建议穿长裤，但也可以穿短裤
衬衫	条纹Polo衫，带校标 浅灰色校服衬衫	条纹Polo衫，带校标 浅灰色校服衬衫
套衫	深蓝色拉链防风外套，带校标 绿色羊毛套头衫，带校标 第十二年级（高三）学生的防风外套 国际学生防风外套	深蓝色拉链防风外套，带校标 绿色羊毛套头衫，带校标 第十二年级（高三）学生的防风外套 国际学生防风外套
外套	外套、排球外套	外套、排球外套
帽子	深蓝色帽子，带校标	深蓝色帽子，带校标
鞋 不允许穿高跟鞋	黑色平底坚固皮革系带校鞋，或纯黑色皮革运动鞋 棕色皮革学生凉鞋，棕色皮革学生凉鞋（非时装款），可接受的鞋面形式与坚固的脚踝固定扣带 不允许穿靴子	黑色平底坚固皮革系带校鞋，或纯黑色皮革运动鞋 不允许穿靴子
短袜	纯白色或中筒袜搭配短裤，纯黑色袜子搭配长裤	纯白色或中筒袜搭配短裤，纯黑色袜子搭配长裤
围巾		纯藏蓝色
帽子	可戴深绿色或藏蓝色头饰	

6. 正式场合的校服

（1）女生：穿浅灰色衬衫，长度到小腿中间的条格半身裙，正装上衣，佩戴领带；鞋袜为纯黑色皮革系带学生鞋（不能穿靴子）、黑色或深蓝色不透明裤袜。长头发要用深蓝色发带、橡筋或丝带束到后面。

（2）男生：穿浅灰色衬衫，炭灰色

长裤，正装上衣，佩戴领带；搭配纯黑色皮革系带学生鞋（不能穿靴子）和黑袜子。

7.体育课校服

在体育课中学生必须穿着运动服，包括：深蓝色运动短裤、运动衫、深蓝色运动裤（可选）、深蓝色外套（可选）等。

8.特殊兴趣班校服

排球兴趣班服装和音乐兴趣班服装都有明确的统一要求。鼓励排球运动生和音乐生在旅行、远足中穿上带有相关校标和文字的外套。

9.关于校服规定的进一步说明

（1）学生必须换穿适当的衣服和鞋袜参加体育课，并在其他所有时候穿正装校服。

（2）学生学习家政、设计、技术研究、科学和音乐时必须穿合脚的学生鞋。

（3）运动队制服可供租借和购买，代表学校参加活动时必须穿戴。

（4）宽松休闲裤、牛仔裤或其他"时装裤子"不适合上学穿。

（5）不鼓励佩戴珠宝和化妆，不允许面部穿孔或可见的文身。

（6）在"非校服日"学生应穿着适当的衣服和鞋子，不得违反学校的学习、健康、安全要求。

（四）对布莱顿中学校服规定的分析

布莱顿中学的校服规定在英国、澳大利亚等国家具有一定的代表性，其优点体现在以下几个方面。

1.制定校服政策时广泛征求各方面的意见，特别是教师、家长和学生的意见

（1）教师与校服的关系：教师是学生在学校学习生活中最直接接触的群体，他们对校服的认可程度有可能影响工作的热情度与效率。美国的一项调查显示，穿着校服不仅有利于学生，对老师也有重要的影响。一些学校在设立校服政策之后，教师的离职率显著下降。教师的工作状态对学校和学生来说至关重要，秩序对教师潜意识的影响是毋庸置疑的，这可能也是校服对校风和学风有积极的推动作用的原因之一。

（2）家长与校服的关系：校服对于家长来说主要是经济方面的负担，校服面料和款式不同，校服系列包含的款式单品数量不同，费用会出现较大的差别。单从校服的数量和品质角度看，当然是越丰富精美越好，但这将直接影响校服的生产成本，最终给家长造成经济压力。如何在校服系列的组成、外观和品质，与经济原则之间找到合理的平衡点，是制定校服规定时必须考虑的问题。在美国，校服在公立学校的普及率始终不高，这与很多家长无法负担校服费用有一定的关系。

一些学费昂贵的私立学校，校服价格远高于平均水平。表8-3所示为澳大利亚一所私立学校2016年的校服价格。

表8-3 澳大利亚某私立学校2016年校服价格 单位：澳元

序号	校服单品名称	价格	序号	校服单品名称	价格
1	校服上衣	52	11	短袖T恤	64
2	校服太阳帽	24	12	运动裤	80
3	布雷泽上衣	290	13	运动上衣	100
4	长袖衬衫	85	14	体育课上衣	52
5	短袖衬衫	78	15	体育课短裤	52
6	开襟毛衣	170	16	运动包	75
7	正装短裤	88	17	3双装过膝长袜	24
8	裙子	145	18	3双装短袜	20
9	防水外套	129	19	围巾	42
10	长袖T恤	68	20	金属扣	1
总计					1639

但是总的来说，绝大部分学校校服政策的出台为学生和家长提供了低价而耐用的学生服装。对校服政策做出规定的国家或地区，一般都在校服的成本和价格上给出了指导性意见。如英国北爱尔兰教育部门在关于校服的规定中指出：所有学校都应首先考虑校服的费用。任何家庭不应该因为无法负担制服的费用而在选择学校时遇到困难。很多国家和地区为负担不起校服的学生进行了费用减免，或提供助学金等。有一些学校建立了校服银行，通过校服回收等方式，使穷困学生可以租借校服。

校服回收是一项非常环保节约的工程，如能在我国进行推广，将是一件具有积极意义的事情。同时，校服的费用也应纳入学校的考虑范畴，使校服政策更加全面完备，更加人性化。

（3）学生与校服的关系：学生是穿着校服的主体，是校服设计的对象。学生认可校服款式，以愉悦、自豪的心情穿着校服，就能最大限度地发挥校服的

积极作用。事实上，校服文化在许多学生心目中有非常重要的地位，甚至成为他们在选择学校的时候的重要考虑因素。因此，在制定校服政策时，应适当征求学生的意见。

2.规定全面详细，具有较好的指导性和规范性

校服规定是一项学校制度，合理、科学、严谨的制度本身对学生具有良好的引导和教育作用。这个规定文件内容非常详细，每一个学期、每一个场合允许穿着的服装及搭配方法一目了然，甚至袜子、头饰、围巾等都有明确的搭配说明，避免了学生在穿着时出现混乱。

3.校服种类丰富，兼顾了校服的气候适应性、安全防护性和礼仪性

在这个校服规定中，女生校服约18款，男生校服约14款，分为春夏、秋冬两类，同时又划分了室内、室外、特殊场合等不同场所，保证了学生在学校生活的任何场景都有符合TPO原则的服装。

4. 规定体现了以人为本、宽严相济的原则

（1）学生有一定的选择空间。校服规定对于学生来说，较为负面的印象是约束感，自由度不足。在这个文件中，由于校服组成非常丰富，并且除了正式场合和运动课以外，没有要求固定搭配，因此学生日常可以在校服中根据个人喜好进行选择搭配，如T恤与短裤、衬衫与裙子、连衣裙、衬衫与长裤等。

（2）校服规定在一定的自由搭配空间中，又对服装的搭配常识和安全性要求有一定的规范，例如要求裙子只能与衬衫搭配，避免T恤配裙子的不正确搭配方法；要求鞋子有牢固的脚面和扣合部位，避免了学生穿拖鞋、时装款凉鞋、靴子等安全性较差的鞋子上学。

（3）特殊学生的特殊处理方法既考虑到了实际情况，又从颜色上加以约束。

5. 校服款式与色彩稳重大方，有持久性

与很多学校一样，布莱顿学校的校服颜色以深蓝、黑、灰、浅绿色等较为纯朴保守的色彩为主，款式也是传统的衬衫、T恤、长裤、连衣裙款式。与时尚亮丽的颜色和款式相比，传统稳重的颜色更有利于长期保持和推行，而不跟随时尚审美的迁移而变化。深沉的颜色、结实的面料也有利于长期穿着或校服回收等。

二、实例二——澳大利亚艾文豪女子文法学校校服方案

艾文豪女子文法学校（Ivanhoe Girls Grammar School）在澳大利亚，有初中和高中两个学阶。该学校与澳大利亚大部分学校一样，拥有完备的校服方案。

（一）艾文豪女子文法学校的校服款式图（图8-17～图8-19）

图8-17　艾文豪女子文法学校高中年级学术校服

图8-18　艾文豪女子文法学校运动校服

图8-19　艾文豪女子文法学校初中年级袍式背带裙

（二）艾文豪女子文法学校校服方案的款式与色彩分析

1.设计风格与主导思想

艾文豪女子文法学校是一所只招收女生的私立学校，从校服方案内容可以看出，学校的主导思想是美观大方，强调集体观念和服从。校服系列的色彩明确，搭配得当，整体外观效果协调舒适，设计完整，简洁而有细节，传达出稳重、文雅、大方的风格和气质。

2.校服组成与色彩分析

艾文豪女子文法学校招收初中和高中两个学阶，校服内容大致相同，仅在礼服裙上有差别。

整套校服系列的色彩共5种，分为3个色系，分别是蓝色系、褐色系和无彩色系。

其中，蓝色系分为夏季的浅蓝色和秋冬季的钴蓝色，褐色分为上装的中褐色和下装的深褐色，无彩色系为白色。

（1）女生夏季礼服为连衣裙，短袖衬衫与西服裙，冬季礼服为长袖衬衫、西服裙和西服上衣。保暖性常服有V领套头毛衫和毛背心。各类服装之间可层叠搭配。

夏季礼服为浅蓝色与白色的小格纹图案，白色翻领，整体颜色清新自然，文雅大方。

西服裙图案是褐色与钴蓝色的细条纹图案，这两种颜色的色温不同，属于弱对比色，但两者的色调近似，又有一定的和谐性。图案既协调又特别，在外观上文雅知性，高雅有品位，令人印象深刻。

毛衫和毛背心使用钴蓝色，西服上衣使用褐色。这两种颜色是澳大利亚校服中非常常见的颜色，具有地方特色。

（2）运动服上衣包括无袖背心、短袖Polo衫、长袖Polo衫和外套，下装有短裤、长裤和棒球裙。

校服颜色使用了白色、蓝色和褐色的色块、条纹对比拼贴，与整体校服色彩和谐一致，又具有运动服的设计风格。

（3）初中的礼服裙是袍式背带裙，条纹图案与高中一样。低龄的女生腰部不明显，背带裙比半身裙更适合这个年龄段女生的身形特点。

3.总体分析

艾文豪女子文法学校的校服色彩比布莱顿中学少而集中，色相与色调都非常明确一致，因此整体校服外观整洁、系列感强，搭配简洁，美观、大方。

在款式上，基本采用了各类服装的基本款，但裁剪舒适。例如西服上衣，采用了宽松的H廓型裁剪，这种廓型在澳大利亚、新西兰等国家都比较普遍，穿着舒适，外观大气。而日韩的校服偏爱修身的小X廓型裁剪，这是不同国家及地区之间的差异。

另外，在西服裙的款式设计中，采用了小A型裙的廓型，文雅稳重，又在裙摆设置了运动活褶，增加腿部的运动量，体现了成熟的款式设计思想。

（三）校服方案内容

1.总则

艾文豪女子文法学校的校服美观大方，实用舒适，同时也表达着在学校生活中的集体观念，以及奉献和承诺。每个学生应通过穿着校服培养自信，树立对学校的荣誉感。

学生在第1、4学期应穿着夏季校服，第2、3学期应穿着冬季校服。

如因特殊原因申请暂时免穿校服，必须向校长提交书面申请。

2.校服穿戴指导意见

（1）帽子：第1、4学期，在上体育课或运动训练课等户外课程时，必须戴太阳帽。在午餐或课间休息需要到户外时，也应戴太阳帽。但是应注意，太阳帽不可在上学和放学时与正式校服搭配穿戴。

另一种船帽可在上学、放学时与夏季校服共同穿戴。

（2）头发：初中学生必须将头发束在后面；高中学生必须保证头发始终整洁，为了安全，在从事劳动、烹饪和技术等活动时必须将头发束在后面，只允许褐色和钴蓝色发带与冬季校服搭配，白色、钴蓝色和褐色发带与夏季校服搭配，除此之外的其他颜色都不允许。

（3）裙子／连衣裙：长度不允许更改。

（4）内衣（包括T恤）：不可在外面看见。

（5）化妆：不允许染指甲、涂口

红、画眼妆及任何可见的化妆。另外，不允许任何形式、任何原因的文身。

（6）配饰：出于实际与外观考虑，配饰仅限于一对纯金或纯银的耳钉，每个耳垂佩戴一个。耳坠、大尺寸耳环或镶嵌宝石的耳饰都不被允许。学生们可佩戴手表，除此之外不可佩戴任何首饰。任何形式的宗教信物、图腾等都不可外露。

3.各年级通用校服用品

（1）艺术课罩衫（初中）；

（2）褐色布雷泽校服；

（3）钴蓝色Ｖ领套头毛衫；

（4）深褐色系带皮鞋或丁字皮鞋；

（5）图书馆书包（初中）；

（6）学校书包；

（7）可选项——钴蓝色Ｖ领无袖毛背心。

4.夏季校服——高中

（1）褐色、蓝色与白色小方格纹连衣裙；

（2）钴蓝色Ｖ领套头毛衫；

（3）白色、褐色与钴蓝色丝带或发带；

（4）白色袜子，膝盖或脚踝长度；

（5）可选项——船帽、钴蓝色Ｖ领无袖毛背心。

5.冬季校服——高中

（1）褐色或钴蓝色丝带或发带；

（2）巧克力褐色紧身裤袜或到膝盖长度的褐色长袜；

（3）钴蓝色Ｖ领套头毛衫；

（4）长袖白色衬衫；

（5）西服裙；

（6）领带（必须在所有指定的正式场合佩戴，颜色按照学校的色彩体系选配）；

（7）可选项——短袖衬衫、钴蓝色Ｖ领毛背心、纯深褐色围巾。

6.夏季校服——初中

初中的夏季校服与高中相同，内容略。

7.冬季校服——初中

（1）褐色或钴蓝色丝带或发带；

（2）巧克力褐色紧身裤袜或到膝盖长度的褐色长袜；

（3）钴蓝色Ｖ领套头毛衫；

（4）袍式背带裙；

（5）长袖白色衬衫；

（6）领带（必须在所有指定的正式场合佩戴，颜色按照学校的色彩体系选配）；

（7）可选项——短袖衬衫、钴蓝色Ｖ领毛背心、纯深褐色围巾。

8.运动服——高中（初中与高中相同）

（1）Polo衫；

（2）在运动时能够提供有力的足部支撑的跑鞋；

（3）有学校标识的黑色泳衣和泳帽；

（4）学校运动袋；

（5）学校运动袜；

（6）短裤；

（7）运动夹克；

（8）运动裤；

（9）可选项——运动短裤、运动背心、曲棍球或足球袜、网球裙（内穿低腰黑色自行车短裤）、橄榄球背心。

9.运动校服规定——高中

所有的高中生必须参加体育课和体育活动。大多数学生还应参加学校内部或外部组织的各种体育竞赛活动。

这项规定反映了学校对学生身体健康的重视，学校致力于支持和鼓励学生参加各种体育和锻炼活动。为此，将学生在日常服装与运动服之间频繁换装的情况减少到最低程度，学校将教学时间划分为三块：

（1）学生从到校开始，包含第1、2节课，包括所有早间环节等，到休息时间；

（2）从休息时间到午餐时间，包含第3、4节课；

（3）从午餐开始到下午放学时间，包含第5、6节课和课后训练及比赛时间。

当学生需要在第一时间段穿着运动服时，可以选择穿着运动服来上学，但必须在运动后更换成学术校服（指礼服和常服等正装）。

当学生需要在第二时间段穿着运动服时，必须穿着合乎礼仪的学术校服上学和放学，在上午课间休息时和午餐时更换运动服。

当学生需要在第三时间段穿着运动服时，可以选择穿着运动服放学回家，但必须穿着学术校服上学，一直到午休时间更换运动服。

当学生在全天的多个时间段都需

要穿着运动服时，可以选择穿着运动服上学和放学，全天穿着运动服，不用更换。

仅在特定的教学环节可以穿着学校认可的运动服。需要穿着运动服的活动包括：

（1）体育课、田径课（不包括游泳课）；

（2）戏剧课（不包括电影俱乐部、灯光、摄影）；

（3）午间运动训练；

（4）早间和放学后运动训练；

（5）指定的学校戏剧演出的彩排环节。

学校最后还强调了一些容易有疑问的规定，例如冬季校服没有长袖的Polo运动衫，冬季不能穿白色短裤，校服不能搭配任何规定以外的围巾、丝巾等。

（四）对艾文豪女子文法学校校服规定的分析

1.办学定位特殊的学校，考虑校服的角度应更加全面周到

艾文豪女子文法学校的特殊性在于，首先它是女子学校，与普通学校相比，不用考虑男生和女生在校服视觉上的差别化，色彩方案的选择自由度也更大。也正是因此，对于校服整体来说，由于缺乏男生校服的平衡，因此艾文豪的校服色相和色调都比较中性，仅靠女生制服自身就能达到色温和情感的中和平衡。

另外，由于不用考虑男女有别的问

题，一些服装可以选择更舒适的款式，例如校服中的无袖运动背心，在男女同校的学校是非常罕见的。

最后，女生的安全性需要更加细心的照顾，因此在戴帽、束发的规定上，规定得非常详细而严格。

学校还分为初中和高中两个学阶，校服充分考虑了两个年龄段女生的特点，在款式上加以恰当区分，同时又保持视觉上的系列感。

2.对校服的穿用规定非常严格，并且格外注重和强调穿着正装校服

从规定中能够看出，学校对穿着校服的规定非常细致，严格要求每款校服及配饰穿着搭配的季节和场合，通过校服传达纪律、秩序、统一和服从。

同时，学校要求学生在正常教学时和上学、放学途中，尽可能穿着正装校服，认为正装校服是合乎礼仪的、代表学校形象的。对于礼仪的关注还体现在短裙下必须穿着自行车短裤、内衣不得外露等规定上。

3.规定体现了一定的弹性

弹性体现在三个方面：第一，校服规定将不少款式列为可选项，学生可自主选择购买；第二，学校关注学生更换运动校服的不便，细心地进行了不同情况的穿用规定，允许学生在规定的情况下，穿着运动校服上学和放学；第三，考虑到女生的特点，允许学生戴形状最简约的耳钉。但同时也明文禁止学生佩戴任何其他款式的耳饰和首饰。

从以上两个学校的校服方案实例可以看出，虽然不同定位的学校制定校服政策的出发点不同，但是学校树立明确的校服定位和主导思想，制定政策时考虑周详，政策全面、科学、合理、细致，体现出鲜明的校园文化定位，体现了以人为本的原则和宽严相济的理念，这在任何学校都是通用的法则。

参考文献

/

REFERENCES

[1] Bill Dunn. Uniforms[M].London: Laurence King Publishing,2009.

[2] 苏静.知日·制服uniforms[M].沈阳：辽宁教育出版社，2011.

[3] 姜美.色彩学：传统与数字[M].上海：上海社会科学院出版社，2017.

[4] 胡嫔.图案设计[M].北京：北京交通大学出版社，2011.

[5] 柴丽芳.女装结构设计[M].上海：东华大学出版社，2016.

[6] 王革辉.服装材料学[M].北京：中国纺织出版社，2010.

[7] 难波知子.裙裾之美：日本女生制服史[M].王柏静,译.北京：新星出版社，2015.

[8] 钱焕琦.吴贻芳:金陵女子大学校长[M].北京：中国传媒大学出版社，2014.

[9] 樊群.文脉绵延，润泽百年：根植于城市文化的百年教育[M].广州：广州出版社，2019.

[10] 戴甘霖，马贤慧.打开英国寄宿学校之门[M].香港：天行者出版社，2015.

[11] 戎明昌.带你上名校：解密广州中学名校真相[M].广州：广东教育出版社，2017.

[12] 学术星球.广东校服进化史[DB/OL].（2021-05-24）[2021-06-30].https://mp.weixin.qq.com/s/-4qNU9iEbN63ee7U2bepgA.

[13] 惠州中学.登上《人民教育》的校服可以有多美[DB/OL].（2021-05-19）[2021-06-30].https://mp.weixin.qq.com/s/0Zv3rtEWXajpApH826NQ-A.

[14] 广州中考.广州高中校服大比拼[DB/OL].（2020-09-15）[2021-06-30].https://mp.weixin.qq.com/s/qbGNiBryl6HKR77B3w9YtQ.

[15] 张海龙.原来印尼学生都是这么穿的[DB/OL].流行印尼语，（2020-07-10）[2021-06-30].https://mp.weixin.qq.com/s/t4Z4MOBSmUNHIYuia1nE7Q.

[16] 谭秋民.走进印尼乡村小学[DB/OL].中国信用卡，（2019-12-20）[2021-06-30].https://mp.weixin.qq.com/s/paZRFd2f0fF3H7qos7djcw.

[17] Shirley.探秘英伦绅士的摇篮——伊顿公学[DB/OL].英国中学，（2020-07-17）[2021-06-30].https://mp.weixin.qq.com/s/fGDDfT_-9U_jMZvMd59fbA.

[18] 澳洲中学.聚焦澳洲学校为何如此执着于校服政策[DB/OL].（2017-11-03）[2021-06-30].https://mp.weixin.qq.com/s/8P9VpbeMZ5kMRT9WFU2CWQ.

[19] 瑶瑶.Red Dot研究所丨新加坡最好看的校服都在这里了[DB/OL].新加坡留学网（2019-05-13）[2021-06-30].https://mp.weixin.qq.com/s/nDaLrax8ieeCdlZHY1Nqrg.

[20] 王晗.亚洲校服哪家强？校服"颜值"你来评[DB/OL].东华大学服装学院职业服研究所（2020-12-15）[2021-06-30].https://mp.weixin.qq.com/s/rNFIBLy2UMfZRZnGUc_4uA.